LE
LAC MAJEUR

ET LES ILES BORROMÉE

LEUR CLIMAT

CARACTÉRISÉ PAR LEUR VÉGÉTATION

PAR

M. FÉLIX SAHUT

MONTPELLIER

IMPRIMERIE CENTRALE DU MIDI.— HAMELIN FRÈRES

Rue de l'Observance, ancien temple protestant

—

1883

LE LAC MAJEUR

ET LES ILES BORROMÉE

LEUR CLIMAT

CARACTÉRISÉ PAR LEUR VÉGÉTATION

LE
LAC MAJEUR

ET LES ILES BORROMÉE

LEUR CLIMAT

CARACTÉRISÉ PAR LEUR VÉGÉTATION

PAR

M. FÉLIX SAHUT

MONTPELLIER

IMPRIMERIE CENTRALE DU MIDI.— HAMELIN FRÈRES

Rue de l'Observance, ancien temple protestant

—

1883

LE
LAC MAJEUR

ET LES ILES BORROMÉE

LEUR CLIMAT

CARACTÉRISÉ PAR LEUR VÉGÉTATION

I

Si de la Suisse on passe en Italie par le Saint-Gothard, soit
que, venant de l'Oberland bernois par le Grimsel, le glacier du
Rhône et le col de la Furka, on ait franchi le massif par le col
de l'Hospice; soit que, venant de Lucerne par le lac des Quatre-
Cantons et Altdorf, on ait remonté la vallée de la Reuss jusqu'à
Gœschenen et traversé le Saint-Gothard par le célèbre tunnel
nouvellement percé, on débouche toujours, dans l'un comme
dans l'autre cas, sur le versant méridional des Alpes Léponti-
nes, près de la petite ville d'Airolo, et on ne tarde pas à s'apercevoir qu'on approche de l'Italie. Déjà, en effet, les chalets rustiques sont remplacés par des maisons à toitures rouges, et
la mélodieuse langue italienne caresse l'oreille plus agréablement que les durs accents de la langue allemande. Enfin, si
l'on prend à Airolo la voie ferrée qui descend la vallée de Leventina, très-étroite et profondément encaissée, dans laquelle
le Tessin s'engouffre en roulant avec fracas ses flots tumul-
tueux, on arrive peu d'instants après à Faïdo, où apparaissent
les premiers Châtaigniers, auxquels s'ajoutent un peu plus bas
la Vigne et les Mûriers.

A Biasco, le paysage devient tout à fait italien, et, après avoir passé devant la jolie ville de Bellinzona, on aperçoit bientôt, sur la gauche et à travers le feuillage, les eaux tranquilles du beau lac Majeur, dont on côtoie les bords jusqu'à Locarno. De là, le bateau à vapeur, qui dessert plusieurs fois par jour les deux rives du lac, conduit en quatre heures aux îles Borromée, soit à l'isola Bella, soit à l'isola Superiore, car il ne dessert pas l'isola Madre, la plus intéressante pourtant comme végétation.

Chemin faisant, chaque fois que le bateau s'approche de la côte, on a déjà un avant-goût de ce qu'on verra plus tard. Les terrasses des nombreuses villas qui ornent les bords du lac, ou plutôt qui lui empruntent leur principal ornement, sont garnies presque toujours de gigantesques Lauriers-Roses doubles, dont les touffes, couvertes de myriades de fleurs, se reflètent dans les eaux profondes et transparentes du lac. Auprès de Brissago, qui est le dernier village suisse de la rive droite, la partie nord du lac Majeur étant comprise dans le canton du Tessin, dont Bellinzona est la capitale, on est agréablement surpris de trouver, végétant en pleine terre, des Myrtes qui atteignent de très-grandes proportions. Mais, quelques instants plus tard, la surprise est bien plus grande encore quand, après avoir passé la ligne de frontière, on aperçoit le village de Cannero, heureusement situé au tournant d'un promontoire, à une exposition très-abritée, et qu'on admire tout à côté de véritables bosquets d'Orangers et de Citronniers, qui bravent en plein air la rigueur des hivers. Nous verrons tout à l'heure que Pallanza, ainsi que les îles Borromée, pourtant un peu moins abritées que Cannero, possèdent en pleine terre un grand nombre d'espèces exotiques que nous ne pouvons avoir à Montpellier, mais dont nous trouverons de beaux échantillons dans les principaux jardins d'Hyères, de Cannes, de Nice et de Gênes.

Cependant, si l'on considère la situation géographique du lac Majeur, on ne se douterait certainement pas, à première vue, que son climat puisse être comparé à celui du littoral de la Provence. La latitude de Brissago et de Cannero est à peu près la même que celle de Bourg-en-Bresse et de Mâcon ; les îles Borromée, situées à quelques lieues au sud de Cannero, sont encore au 46me degré de latitude, c'est-à-dire à la hauteur d'Annecy, et un peu plus au nord que Lyon et Clermont-Ferrand. Le lac Majeur ne peut donc être relié à aucune ligne isotherme, car il est séparé de Gênes, de Nice et d'Hyères, par des contrées dont le climat est infiniment plus rigoureux.

Ensuite l'altitude du lac Majeur est de 195 mètres, un peu plus élevée par conséquent que celle de Lyon, car la gare de Perrache n'est qu'à 173 mètres au-dessus du niveau de la mer.

Enfin la moitié supérieure du lac Majeur est enveloppée, depuis l'ouest jusqu'au nord-est, par une demi-ceinture de grands glaciers rayonnant à une distance qui varie de 80 à 100 kil., et dont l'influence réfrigérante, s'étendant nécessairement au loin, devrait arriver jusque-là. Le puissant groupe du mont, Rose à l'ouest, le Simplon au nord-ouest, les massifs du Griess et du St-Gothard au nord, et enfin le Splugen au nord-est, composent en effet une chaîne continue, presque entièrement couverte de glaciers, et dont les sommets dépassent 4,000 mètres. Or ce sont précisément les vents d'ouest, nord-ouest, nord et nord-est, qui amènent généralement les grands froids, et ici ils devraient faire sentir leur influence avec plus d'énergie encore, parce qu'ils effleurent, sur leur passage, les immenses glaciers qu'ils traversent. C'est, en effet, à sa situation géographique, dans des conditions soumises à cette influence, que la ville de Turin, située pourtant à 140 kilomètres plus au sud que Cannero, doit la rigueur relativement exceptionnelle de ses hivers (1).

(1) Il résulte des observations météorologiques faites au Jardin botanique de Turin, sous la savante direction de M. le professeur G. Arcangeli, que, du 13 décembre 1879 au 30 janvier 1830, soit pendant une période de 49 jours consécutifs, il a gelé chaque jour, sans aucune exception, et que le froid a été souvent très-rigoureux ; sur ces 49 jours de gelée, on en compte en effet 45 pendant lesquels le thermomètre est descendu chaque fois plus bas que — 5° au-dessous de zéro. Le minima extrême de cette période a été observé le 25 janvier ; ce jour-là, le thermomètre indiquait — 16°,5 au-dessous du point de congélation, et il avait déjà marqué — 15°,5 le

Il y a là, comme on voit, tout un concours de circonstances défavorables qui devraient contribuer, chacune pour leur part, à rendre le climat des bords du lac Majeur sensiblement plus rigoureux que celui de Lyon. Et pourtant, en étudiant comparativement les caractères généraux de la végétation sur chacun de ces deux points, on s'aperçoit bien vite de la différence énorme qui existe entre eux.

Les végétaux, en effet, sont des thermomètres qui ne trompent pas ceux qui savent les consulter et tenir compte des conditions dans lesquelles ils sont placés; c'est ainsi qu'en observant attentivement les effets produits par les hivers de 1870 et de 1879 sur un certain nombre de plantes qui se trouvent dans tous les jardins du littoral méditerranéen, depuis Toulon jusqu'à Naples, on peut apprécier à peu près exactement la douceur relative du climat des nombreuses localités situées sur tout ce parcours.

La différence signalée tout à l'heure serait bien plus grande encore si l'on comparait le climat du lac Majeur avec celui du Grand Saint-Bernard, qui se trouve aussi à peu près sous la même latitude. Tandis que, sur les bords du lac Majeur, on admire les Orangers, les Citronniers et autres plantes des pays chauds vivant en plein air, il résulte des observations météorologiques, faites avec beaucoup de soin par les religieux qui l'ha-

18 janvier; en comptant ces deux dates, le thermomètre est descendu 8 fois entre — 14° et — 16°,5, et 28 autres fois entre — 10° et — 14° de froid. Ce sont donc en tout 36 jours pendant lesquels le thermomètre est descendu chaque fois plus bas que — 10° au-dessous de zéro.

Mais ce qui est plus caractéristique, c'est que pendant cette même période de 49 jours, les maxima de la journée ont été 31 fois inférieurs à zéro, c'est-à-dire qu'il y a eu 31 jours pendant lesquels il n'a pas dégelé de toute la journée. Entre le 7 et le 23 janvier, soit pendant 17 jours consécutifs, les maxima observés n'ont jamais été supérieurs à zéro, c'est-à-dire que, pendant cette période relativement longue, il n'a pas cessé de geler un seul instant; souvent le maxima était même très-froid, car la plus haute température de la journée du 26 janvier était seulement de — 4°, et celle du 15 janvier n'avait été que de — 5° au-dessous de zéro. D'après M. Becquerel, le minima absolu observé jusque-là à Turin était de — 17°,8, c'est-à-dire encore plus rigoureux que le minima extrême du 25 janvier 1880.

bitent toute l'année, que la température moyenne annuelle de l'hospice du St-Bernard, situé à 2,477ᵐ d'altitude, est inférieure à zéro de — 1°,07, ce qui représente à peu près le climat de la partie la plus septentrionale de l'Europe; et pourtant il arrive quelquefois en hiver que les maxima au Saint-Bernard sont plus élevés que ceux de Genève.

Il est intéressant de constater, ainsi que l'a si bien fait remarquer M. Ch. Martins (1), qu'un certain nombre d'espèces de plantes qu'on rencontre au St-Bernard ainsi qu'au Faulhorn, au Courtil ou Jardin de la mer de glace de Chamonix, au col St-Théodule et sur quelques autres points élevés des Alpes, se retrouvent aussi au Spitzberg, sous le 78ᵉ degré de latitude, c'est-à-dire à 32 degrés plus au nord que le St-Bernard. Ces plantes trouvent au Spitzberg, presque sur le bord de la mer, les mêmes conditions de milieux aussi favorables à leur existence que dans les Alpes, à 2,500 mètres d'altitude et au-dessus.

II

Il y a 100 kilomètres à peine, en ligne droite, du lac Majeur au St-Bernard. Ce sont, comme on vient de le voir, deux climats bien extrêmes pour deux points habités, situés dans le même pays, sous le même parallèle et à peu de distance l'un de l'autre. Aussi le touriste qui se rend du Grimsel à Cannero et aux îles Borromée éprouve-t-il une sensation indéfinissable quand, à quelques heures d'intervalle, après avoir parcouru les glaciers, il se repose à l'ombre des bosquets d'Orangers. Il se demande avec étonnement quelle est la raison d'être de cette sorte d'oasis méridionale perdue au milieu d'éléments septentrionaux (2). Mais, en étudiant attentivement la confi-

(1) Le Spitzberg: Tableau d'un archipel à l'époque glaciaire.

(2) C'est ainsi qu'au cours d'un voyage de vacances effectué avec deux de mes fils, en août et septembre 1882, nous avons observé des températures très-basses sur quelques points élevés de la Suisse, assez voisins pourtant du lac Majeur.

Dans l'Oberland bernois, notre thermomètre marquait + 6°,5 seulement

guration des bords du lac, on s'apercevra bien vite qu'une chaîne continue de montagnes assez importantes, puisque leurs sommets s'élèvent de 1500 à 2500 mètres d'altitude, enserre le lac, en s'étendant sur ses bords depuis l'ouest jusqu'au nord-est, et descend par une très-forte inclinaison jusque dans la profondeur de ses eaux.

Ce sont, en commençant à l'ouest: le monte Motterone, le monte Orfano, le monte Rosso, le Pizzo di Proman, le monte Zeda et le monte Spalavera ; puis, au nord-ouest, la cima di Laurasca et le monte Limidario ; ensuite, au nord, le monte Gridone, le monte Zucchero et le monte Carosso, et enfin, au nord-est, le monte Tamaro. L'ensemble de cette chaîne de montagnes forme ainsi un bourrelet continu enveloppant le lac, justement du côté où se trouvent les glaciers, et constitue de la sorte un abri très-puissant, qui ne permet pas aux vents froids de descendre jusqu'au niveau de l'eau.

D'autre part, la profondeur du lac, quoique très-variable, est

à 2 heures de l'après-midi, au moment de notre passage au col de la Pétite-Scheidegg, à 2,069ᵐ d'altitude. C'était le 17 août; nous venions d'Interlaken et de Lauterbrunnen, et nous nous rendions à Grindelwald (1,057ᵐ) par la Wengernalp. Le lendemain, après avoir visité le glacier de Grindelwald, nous faisions l'ascension du Faulhorn (2,683ᵐ d'altitude) par le chalet de l'Alpenrose ; à mi-côte nous rencontrions la neige, tombée en abondance la veille, pendant que la pluie nous trempait en descendant de la Wengernalp, et nous en avons mesuré près d'un mètre d'épaisseur en plusieurs endroits. Notre thermomètre, au sommet du Faulhorn, marquait à 6 heures du soir + 1° seulement, et le lendemain matin l'eau provenant de la neige fondue, dans les creux des dalles irrégulières qui pavent le devant de l'hôtellerie, était entièrement convertie en glace. Enfin, vers 5 heures du matin, peu avant notre départ, le thermomètre placé quelques instants au dehors, pendant que nous admirions le majestueux spectacle du lever du soleil, descendit rapidement à — 1° au-dessous de zéro.

Le même fait se reproduisit le 22 août, au col de la Furka, où nous nous étions rendus de Meiringen (600 m.) par le Hasli, en remontant la vallée de l'Aare jusqu'à l'hospice du Grimsel (1,874 mètres) ; franchissant ensuite le col de ce nom (2156 mètres) et traversant le glacier du Rhône, nous avons relevé + 4° au moment de notre arrivée au col de la Furka (2,436 m.), vers 4 h. de l'après-midi, puis + 2° seulement à 6 heures du soir, et la température nous paraissait encore plus froide, car une bise glacée nous empêchait de tenir en place. Le lendemain matin, nous remarquions de la glace

fort considérable : elle atteindrait même sur un point, d'après les sondages opérés, le chiffre énorme de 854 mètres, ce qui revient à dire que la plus grande profondeur connue du lac Majeur se trouve à 659 mètres environ en contre-bas du niveau de la mer. Il y a là une énorme masse d'eau qui dégage constamment du calorique ; car, à mesure que l'atmosphère, agissant sur la surface de l'eau, tend à la refroidir, il se produit le phénomène bien connu de la diffusion de la chaleur par convection, c'est-à-dire qu'il s'établit un courant descendant d'eau froide, plus lourde, de la surface vers le fond, et un courant ascendant d'eau plus chaude et, par conséquent, plus légère, du fond vers la surface. Or, comme ici l'approvisionnement de calorique, en raison de l'énorme profondeur du lac, est presque inépuisable, il s'ensuit que l'eau de la surface, restant relativement chaude et à une température beaucoup supérieure à celle de $+$ 4°, qui est le maximum de densité de l'eau douce,

d'un demi-centimètre d'épaisseur dans des baquets qu'on avait remplis la veille aux sources voisines de la Reuss. Nous quittions le col de la Furka le 23 août, à 6 heures du matin, pour faire l'ascension du mont Furka ou Furkahorn (3,028 m.), au sommet duquel nous parvenions à 7 h. 25 et où nous pouvions séjourner 50 minutes, grâce à la température qui était devenue plus calme et plus douce, ce qui nous permit de contempler à satiété le panorama splendide qu'on découvre du haut de ce point culminant, où se trouve un signal géodésique. De là, descendant à Realp (1,542 m.), nous nous acheminions vers Hospenthal (1,484 m.), on longeant la Reuss, et, prenant ensuite à droite la belle route qui monte au St-Gothard, nous arrivions à 6 h. 1|2 du soir au point culminant du passage (2,114 m.), et peu d'instants après à l'hôtel Monte-Prosa (2,093 m.). De sorte que, partis le matin d'un point situé sur le versant occidental du mont Furka, c'est à-dire de l'extrémité supérieure de la vallée du Rhône, qui se trouve, par conséquent dans le bassin de la Méditerranée, nous avions cheminé toute la journée dans les vallées des deux Reuss, qui, se joignant près d'Andermat pour former peu après le lac des Quatre-Cantons, se jettent ensuite dans le Rhin et par conséquent dans le bassin de la mer du Nord ; nous arrivions le même soir à l'hospice du St-Gothard, qui se trouve sur le versant méridional du massif et sur les bords du Tessin, qui conduit ses eaux à l'Adriatique. De l'hospice du St-Gothard nous descendîmes le 24 août jusqu'à Airolo (1,179 m.), d'où le chemin de fer et le bateau à vapeur nous amenèrent en peu de temps aux îles Borromée (195 m.), où nous trouvions les Orangers, le beau ciel de l'Italie et une tiède température de $+$ 25 degrés.

agit sur les couches d'air qui sont en contact immédiat avec elle, en les empêchant ainsi de se refroidir outre mesure.

Un phénomène semblable se produit alors dans l'atmosphère : les couches inférieures de l'air, réchauffées au-contact de l'eau, s'élèvent par cela même et sont remplacées par des couches plus froides, et par conséquent d'une densité plus grande, qui viennent se réchauffer à leur tour, en attendant d'être remplacées par d'autres ; de sorte que, par cet échange continu de calorique, l'atmosphère ambiante, au-dessus et sur les bords d'une grande masse d'eau, se maintient à une température plus élevée, et, par conséquent, se refroidit moins que dans l'intérieur des terres. Le Gulf-Stream, ce grand courant équatorial, qui, après avoir traversé le golfe du Mexique, se dirige rapidement vers l'Europe, à travers l'Atlantique, en conservant une température relativement élevée, exerce, en vertu des mêmes principes, une influence analogue sur la côte nord-ouest de la France, ainsi que sur la partie orientale de la Grande-Bretagne, depuis la Manche jusqu'aux îles Shetland. On peut même dire que cette influence se fait sentir, d'une manière générale, sur tous les points de la côte française de l'Atlantique qui sont léchés par le Gulf-Stream ; car, de Bayonne à Dunkerque, les hivers sont beaucoup moins rigoureux, à latitude égale, que sur la côte américaine des États-Unis qui lui fait face, et moins rigoureux aussi que dans les parties de l'intérieur du continent européen placées sous le même parallèle. Ainsi, par exemple, à Belle-Ile-en-Mer, à Brest, à Fécamp, à Morlaix, etc., de même qu'à Cherbourg, qui est situé pourtant plus au nord que Paris, on conserve en plein air les Myrtes, les Figuiers, les Chênes-Liéges, les Eucalyptus, les Podocarpus, les Metrosideros, les Acacias de la Nouvelle-Hollande et plusieurs autres espèces de plantes qui gèlent quelquefois à Montpellier.

C'est, comme on le voit, à l'action combinée de puissants abris naturels, produits par des montagnes escarpées s'élevant à de grandes hauteurs sur les bords mêmes du lac, et à la profondeur considérable de l'eau, que l'on doit l'explication de ce phénomène intéressant de géographie botanique, qui permet à des végétaux de vivre sous une latitude que ne comporterait pas la nature de leur habitat particulier. C'est ce qui explique la présence à Aix-les-Bains du Figuier, et du Grenadier, résistant au froid près du lac du Bourget, et celle de l'Olivier, qui croît en leur compagnie, sur les bords du lac Léman, entre Clarens et Montreux. C'est, enfin, par les mêmes causes qu'on peut expliquer la douceur exceptionnelle du climat de la Provence, et la véritable raison d'être des stations d'hiver d'Hyères, St-Tropez, St-Raphaël, Cannes, Golfe-Jouan, Nice, Beaulieu, Villefranche et Menton, en France; de même que Bordighera, San-Remo, Alassio, Savona, Pegli, Gênes, Nervi, Camogli, Santa-Margherita, Rapallo, Zoagli, Bonnassola et la Spezia, sur la côte italienne. Le climat de ces nombreuses stations d'hiver est plus doux que ne comporte leur situation géographique, et il faut, en effet, descendre jusqu'en Sicile ou en Algérie pour trouver, en dehors de tout abri, un climat correspondant à celui de quelques-uns des points les plus chauds du littoral de la Provence ou de la côte ligurienne.

III

Le lac Majeur (*lacus Verbanus* des anciens) est situé entre le 6me et le 7me degré de longitude Est du méridien de Paris, et à la hauteur du 46me degré de latitude, qui le coupe vers son milieu; sa longueur totale, depuis son extrémité nord, près de Gordola, jusqu'à sa partie la plus méridionale, près de Sesto-Calende, est d'environ 67 kilomètres; sa largeur, quoique très-variable, n'est pas proportionnée à sa longueur, car elle reste presque toujours entre 3 et 7 kilomètres seulement. La surface du lac est d'environ 210 kilomètres carrés, et son altitude moyenne de 195 mètres au-dessus du niveau de la mer. Il est formé par le Tessin, qui, descendant du St-Gothard par la profonde vallée de Leventina, se dirige d'abord vers l'est jusqu'à Faido, puis tourne brusquement vers le sud, pour s'infléchir ensuite à l'ouest depuis Bellinzona jusqu'à Magadino. Ce double changement de direction brise les courants d'air froid qui, en descendant des Alpes par la vallée de Leventina, n'exercent ainsi aucune influence frigorifique appréciable sur le climat des localités situées sur les bords du lac, ainsi que dans les îles Borromée.

La configuration générale du lac Majeur affecte la forme d'une botte, dont l'ouverture serait à Locarno, le genou à Luino, le talon à Pallanza et la pointe à Sesto-Calende, de même que la baie formée par l'embouchure de la Tosa, depuis Pallanza jusqu'à Fariolo, représenterait l'éperon.

Les rives du lac Majeur, qui se développent sur une longueur de plus de 150 kilomètres, sont coupées par un grand nombre de cours d'eau qui, descendant presque tous des Alpes, vont se jeter dans cet immense réservoir, susceptible d'irriguer une grande partie de la Lombardie. Ce sont, outre le Tessin, et pour ne citer que les principaux, la Verzasca et la Maggia, au nord ; la Cannobina, le San-Bernardino, la Toza et l'Erno, à l'ouest ; enfin la Giona, le Boesio et la Tresa, à l'est.

Descendant des Alpes par Domo-d'Ossola, la Tresa sert ensuite de canal d'émission au lac de Lugano, dont les eaux se déversent dans le lac Majeur ; il en est de même pour les lacs moins importants de Varèze, de Camobbio et de Monaté, sur la rive gauche, ainsi que pour les lacs d'Orta et de Mergozzo sur la rive droite. Tous ces lacs, dont l'altitude est plus élevée que celle du lac Majeur, sont mis en communication avec lui par des émissaires qui lui amènent leurs eaux en se frayant un passage dans les vallées profondes qui les en séparent.

Le niveau de l'eau du lac Majeur est très-variable, mais généralement plus élevé en été qu'en hiver. Comme ce sont surtout les cours d'eau descendant des glaciers qui alimentent le lac, on comprend que le débit de ces cours d'eau doive être relativement insignifiant en hiver et au printemps, tandis qu'il est, au contraire, très-important pendant l'été et l'automne. C'est ainsi qu'en hiver le niveau du lac baisse souvent de 2 mètres et plus, tandis qu'en été et en automne, à l'époque de la fonte des neiges ou à la suite des grandes pluies, les eaux du lac s'élèvent quelquefois de 5 à 6 mètres au-dessus de leur niveau moyen.

Le 4 octobre 1868, les îles Borromée eurent beaucoup à souffrir d'une crue exceptionnelle du lac, dont les eaux s'élevèrent de 7^m60 et occasionnèrent des dégâts importants ; le même phénomène s'est produit tout récemment encore, quoique avec moins d'intensité, à la suite des pluies torrentielles survenues en novembre 1882.

La profondeur du lac est partout considérable, et les sondages relatés sur la *Carta topografica del lago Maggiore* l'indiquent sur quelques points principaux. C'est ainsi que le fond du lac se trouve à 366 mètres en face de Cannero, à 297 mètres près de l'isola Bella, à 282 mètres entre Pallanza et Laveno, et à 281 mètres devant Stresa ; la sonde a trouvé le fond à 854 mètres entre San-Bartolomeo et Tronzano, à 834 mètres près de Luino, à 800 mètres en face le rocher de Santa-Caterina, et à 375 mètres entre Barbé et la Punta-de-Lavello. La profondeur est encore de 270 mètres près de Cannobbio et de 248 mètres en face de Brissago, tandis qu'elle diminue de plus en plus dans la partie méridionale du lac : depuis Lesa jusqu'à Sesto-Calende, elle est toujours inférieure à 100 mètres, et, cette partie du lac étant beaucoup moins abritée, son climat, qui se ressent naturellement de cette double circonstance, tend à se refroidir de plus en plus, au fur et à mesure qu'on approche de Milan.

Un service régulier de bateaux à vapeur, bien aménagés pour passagers, permet de traverser le lac Majeur dans presque toute sa longueur, depuis Locarno jusqu'à Arona. Le trajet se fait entre ces deux points extrêmes en un peu plus de cinq heures. Plusieurs départs par jour, dans les deux sens, correspondent à Locarno avec les trains venant de la Suisse, de même qu'à Arona avec la voie ferrée de Milan. Ces bateaux touchent aux îles Borromée et à tous les points principaux des bords du lac, autant sur la rive droite que sur la rive gauche ; ils accostent quelquefois à quai, mais le plus

souvent la communication se fait au moyen de barques, de
manière à desservir, aussi complétement que possible, toutes
les localités qui se trouvent sur le parcours.

La température, sur les bords du lac Majeur comme dans
les îles Borromée, varie selon la situation respective de chaque lieu; mais elle est généralement assez douce en hiver,
tandis que la chaleur est relativement modérée en été. Les
abris naturels sont, en hiver, pour les localités adossées à
des montagnes élevées, un élément climatérique important, et
la profondeur considérable de l'eau en est un autre dont on
doit également tenir compte. Il en est de même de l'exposition,
qui, selon qu'elle sera orientée vers le sud, l'est, l'ouest ou
le nord, exercera aussi une influence plus ou moins grande.
Donc, quand une localité, située sur les bords d'une masse
d'eau considérable, réunira ces trois éléments climatériques,
elle se trouvera alors dans les meilleures conditions possibles
d'acclimatation. Cannero en offre un frappant exemple, et il
en est de même de Pallanza, située au pied du monte Rosso et
par suite mieux abritée que les îles Borromée, qui en sont à
une plus grande distance.

Pallanza est le siége d'une station météorologique établie à
25 mètres au-dessus du niveau de l'eau et, par conséquent,
à 218 mètres d'altitude supra-marine.

M. le Dr C. Scharrenbroich (1) a résumé onze années d'observations (1865-1876), dans des tableaux qui permettent de
juger du climat de cette localité pendant cette période. Nous
y voyons que la température moyenne annuelle est, pour les
onze années, de + 12°,86 et que cette moyenne se subdivise
pour chaque saison comme suit (2):

(1) Pallanza am Lago Maggiore als klimatischer Kurort.

(2) Nous n'indiquons ici les températures moyennes qu'à titre de renseignement et pour nous conformer aux usages établis; car, à notre avis, les
moyennes ne donnent qu'une idée bien incomplète et souvent très-fausse
du climat d'une localité déterminée. En effet, entre un maxima de + 20°
et un minima de — 4°, la moyenne, soit + 8°, est absolument la même
qu'entre un maxima de + 10° et un minima de + 6°, alors que ces températures représentent des climats entièrement différents. Mais cela est vrai

Temp. moyenne de l'hiver (décembre à février) + 3°,98

Temp. moyenne du printemps (mars à mai)..... + 12°,43

Temp. moyenne de l'été (juin à août)......... + 21°,93

Temp. moyenne de l'automne (sept. à novemb.) + 13°,13

Pendant cette même période de onze années, le minima absolu a été de — 6°8 en 1869, et le maxima absolu de + 35° en 1865. Ces températures extrêmes sont tout à fait exceptionnelles, car ces mêmes tableaux nous montrent en effet qu'à part le mois de janvier, pour lequel la moyenne des minima est légèrement inférieure à 0° (— 0°,02), la moyenne des mi-

surtout quand il s'agit de végétaux qui sont essentiellement impressionnables aux variations de la température. A Montpellier, par exemple, nous relevons les observations suivantes, qui ont été faites à l'École normale pendant quelques jours des mois de janvier, février, mars, mai et juillet 1883 :

	12 janvier	28 février	9 mars	17 mars	18 mai	10 juillet
MINIMA	+ 6°,8	— 1°	+ 1°	— 4°	+ 7°,6	+ 17°,5
MAXIMA	+ 11°,8	+ 21°,5	+ 6°	+ 15°	+ 33°,5	+ 31°
MOYENNE	+ 9°	+ 10°,2	+ 3°,5	+ 5°,5	+ 20°,5	+ 24°2

On voit, par ce tableau, qu'il a fait plus froid le 28 février, par une température moyenne de + 10°2, que le 12 janvier, par une moyenne de + 9° seulement. On voit aussi que beaucoup de plantes auraient pu résister parfaitement le 9 mars, par une moyenne de + 3°,5, alors qu'elles auraient gelé le 17 mars, par une moyenne de + 5°,5, pourtant plus élevée. De même, il a fait plus chaud le 18 mai, par une température moyenne de + 20°,5, que le 10 juillet, par une moyenne de + 24°,2. Dans chacun de ces trois exemples, c'est le contraire qui aurait dû avoir lieu si l'on ne tenait compte que des moyennes de température; et la différence serait bien plus grande encore si nous comparions les observations thermométriques de Montpellier avec celles de Paris.

Certainement les températures moyennes, quand elles sont mensuelles et surtout annuelles, ne présentent pas des différences aussi grandes que les moyennes journalières; mais elles ne donnent qu'une idée fort incomplète de la climatologie d'une localité déterminée, si l'on ne tient pas compte en même temps des températures extrêmes, maxima et minima, pour chacun des mois de l'année. Les plantes, encore plus que les hommes et les animaux, sont sensibles à ces variations extrêmes de la température, et il leur importera beaucoup de se trouver dans l'une ou l'autre de deux localités ayant la même moyenne de température annuelle, si, dans l'une d'elles, les minima absolus sont plus bas et les maxima absolus plus élevés que dans l'autre de ces localités.

nima de chacun des deux autres mois d'hiver est supérieure à 0°, de + 1°,10 en décembre et de + 1°82 en février.

On voit donc, en tenant compte des températures extrêmes, autant que des températures moyennes annuelles, résultant de onze années d'observations suivies, qu'au lac Majeur, les hivers sont généralement très-doux, alors que la chaleur, en été, est considérablement tempérée par le voisinage d'une eau profonde, refroidie constamment par l'apport des rivières qui descendent des glaciers. On comprend très-bien, en effet, que l'atmosphère au-dessus du lac soit rafraîchie par l'énorme masse d'eau qui la supporte, et que l'évaporation, naturellement très-active sous l'influence d'une température élevée, entretienne dans l'air ambiant un état hygrométrique nécessairement considérable.

Le climat de l'isola Madre, à en juger par sa végétation, diffère peu de celui de Pallanza. Cette île profite encore de l'abri du monte Rosso, quoique pourtant à une distance de 1500 mètres de la côte ; mais, si cet abri est nécessairement moins efficace à cette distance, il y a compensation par la profondeur considérable de l'eau qui entoure l'île. Par contre, l'isola Bella, située à 1500 m. environ au sud de l'isola Madre, s'éloigne d'autant de la côte de Pallanza, dont elle est ainsi distante de trois kilomètres environ, et le climat de cette île se ressent nécessairement de cet éloignement.

A sa sortie du lac, au-dessous de Sesto-Calende, le Tessin, considérablement grossi par les nombreux affluents qu'il a reçus, se fraye un passage, avant de descendre dans les plaines de la Lombardie, à travers les nombreux blocs erratiques dont l'accumulation forme une gigantesque digue, fermant la vallée et retenant ainsi les eaux du lac. Ce barrage colossal n'est autre chose que ce qui reste encore de la moraine frontale, disposée en arc concentrique à la base d'un ancien glacier, qui était descendu des Alpes jusque-là, à une époque géologique relativement récente. Dans son mouvement glissant au fond des vallées dont il corrodait les parois, ce glacier s'est arrêté là, déposant en cet endroit un énorme amoncellement de blocs qu'il avait recueillis sur son parcours et entraînés ensuite avec lui. Ainsi s'est formée cette moraine qui, fermant la vallée, a retenu'plus tard les eaux du Tessin et constitué de la sorte le lac Majeur.

Par l'action lente mais continue de ses eaux, qui déversent du lac, le Tessin s'est creusé peu à peu un lit, en entamant la moraine par l'érosion graduelle de sa surface supérieure. Les nombreux blocs erratiques qu'on remarque encore sur les pentes, des deux côtés de la vallée, jusqu'à 200 mètres au-dessus du niveau actuel du lac, sont des témoins irrécusables, constatant que la moraine coupait autrefois la vallée à cette hauteur; les eaux du lac s'élevaient donc jusque-là avant que les affouillements se fussent produits. Les lacs de Lugano, d'Orta, de Varèse, de Camobbio et de Monate, qui déversent actuellement leurs eaux dans le lac Majeur, ne formaient alors avec ce dernier qu'une seule et même nappe liquide. Mais, au fur et à mesure que s'approfondissait la brèche creusée par les eaux dans la moraine de Sesto-Calende, le niveau général du lac baissait en même temps, et c'est ainsi que peu à peu la séparation des eaux se produisit entre les diverses parties du lac primitif; ce niveau baissait successivement jusqu'au-dessous des crêtes séparant les cuvettes des lacs secondaires, qui ont ainsi constitué autant de lacs distincts, isolés du lac Majeur. Celui-ci, continuant à baisser, s'est trouvé bientôt en contrebas sensible du niveau des autres lacs, dont les eaux en déversant se sont alors creusé un lit dans les vallées qui les séparaient du lac Majeur, et ont constitué de la sorte les canaux d'émission qui les en rendent tributaires. Le niveau du lac de Lugano se trouve actuellement à 77 mètres au-dessus du lac Majeur, et, pour le lac d'Orta, cette différence est même de 197 mètres. On peut donc raisonnablement induire de là, en supposant même que le lac d'Orta ait conservé son niveau primitif, que le niveau du lac de Lugano se serait abaissé de la différence, soit de 120 mètres, et que, par conséquent, le lac primitif était d'au moins 197 mètres au-dessus du niveau actuel du lac Majeur.

A l'époque glaciaire, c'est-à-dire pendant la période de froid
qui a suivi l'apparition de l'homme sur la terre, le revers méridional des Alpes était entièrement couvert d'immenses glaciers, qui glissaient en descendant par toutes les vallées supérieures; ils creusaient ainsi les profondeurs des lacs actuels
par l'amoncellement de ces gigantesques moraines qui, fermant les vallées inférieures, les ont transformées ensuite en
nappes liquides. C'est à une révolution géologique semblable
qu'on doit la formation de la plupart des lacs de la haute Italie,
et le lac Majeur en est un des plus remarquables exemples.

IV

En parcourant en bateau à vapeur la courte distance qui
sépare Stresa de l'isola Bella (l'île Belle), le regard est surpris autant que charmé par l'aspect agréable, quoique un peu
singulier, que présentent les constructions et les jardins de
la principale des îles Borromée. Disposés par étages en terrasses superposées, ces jardins forment une pyramide tronquée
de 32 mètres de hauteur totale, garnie de nombreuses statues
et surmontée par des pointes d'obélisque que domine une licorne colossale. Cette pyramide de verdure, émergeant du sein
des eaux limpides du lac, et encadrée par les dentelures des
montagnes boisées qui lui composent un gracieux fond de tableau, ne manque pas de pittoresque. Au fur et à mesure qu'on
approche de l'île, la ligne de faîte des jardins et du palais se
détache sur l'azur du ciel, tout en se reflétant dans la profondeur de l'eau, et l'ensemble, brillamment illuminé par un splendide soleil du midi, produit un effet vraiment enchanteur. Mais
le bateau ne tarde pas à accoster, et on prend terre près d'une
place complantée de très-grands Troënes du Japon (*Ligustrum
japonicum* Thumb.), formés en arbres à haute tige, et non loin
de l'entrée du palais créé, ainsi que les jardins, par le comte Vitaliano Borromée, vers la fin du dix-septième siècle. L'île n'était alors qu'un rocher à peu près nu, sur les pentes duquel les

comtes Borromée bâtirent d'un côté leur palais, aujourd'hui devenu historique, tandis que de l'autre côté ils élevèrent les murs qui devaient supporter les terrasses des jardins ; c'est de cette époque aussi que datent la plupart des plantations qui subsistent encore.

Les vides laissés entre les murs de soutènement de chaque étage furent remplis par de la terre apportée à grands frais de la côte voisine ; cette terre, de même nature que celle de l'île, résulte de la désagrégation des roches de micaschiste et a la propriété de colorer en bleu les fleurs d'Hortensia.

C'est ainsi qu'ont été établis ces jardins suspendus, composés de dix étages de terrasses, dont la largeur varie selon l'exposition ; ils entourent toute la partie orientale de l'île, et, sur la surface des murs de soutènement de chaque étage, on a palissé des Orangers, Limoniers, Citronniers, Pamplemousses, Cédratiers et Mandariniers, qui produisent par milliers de beaux et bons fruits, arrivant ici complétement à maturité. Ces arbres sont très-vigoureux et ne paraissent aucunement avoir souffert du froid, dont on a le soin de les préserver suffisamment par des abris en planches formant toiture au-dessus, et descendant sur le devant à 75 c. environ du pied de l'espalier. La charpente volante, ainsi formée, est fixée à l'arête supérieure du mur, étant soutenue sur le devant par des montants, entre lesquels des parties mobiles permettent d'ouvrir à volonté, quand le temps est favorable. Dès que les froids ne sont plus à craindre, toute cette charpente est enlevée, et il en reste si peu de traces que le visiteur, en été, ne s'aperçoit même pas que ces arbres ont passé l'hiver sous la protection efficace de cet abri artificiel.

Un bosquet d'Orangers, composé d'un assez grand nombre de sujets très-vigoureux, formait des têtes presque comparables à celles des arbres de cette espèce qu'on voit dans les jardins de Nice et de Golfe-Jouan ; ils avaient pourtant perdu une partie de leur jeune bois pendant le rigoureux hiver de 1879-1880, mais ils se sont à peu près complétement reconstitués depuis lors.

Le reste du jardin, dessiné selon le goût de l'époque, est peuplé de grands Cyprès, Lauriers, Nériums, Arbousiers, Pittosporum, Chênes-Liéges, Pins sylvestres et Pins du lord Weymouth, Cèdres Deodara et autres végétaux aux proportions parfois considérables, dont on peut citer, parmi les espèces frileuses sous le climat de Montpellier : les *Acacia heterophylla* et *Acacia dealbata*, *Pittosporum tobira* H. R., *Tristania laurina* Rob. Br., *Callistemon lanceolatus* D.C., *Dacrydium cupressinum* Sol.; un *Abutilum striatum* de 4ᵐ de haut; une énorme touffe de *Bambusa gracilis*; un très-grand Filao de Madagascar (*Casuarina torulosa*) de 15ᵐ de haut, qui a un peu souffert du froid en 1880; de forts pieds de *Bonapartea juncea* et de *Dasylirion gracile*, l'un et l'autre en pleine floraison, et des *Dracœna indivisa* de plus de 5ᵐ de haut.

L'une des terrasses les plus larges, à l'exposition du sud, est complantée de nombreux *Magnolia grandiflora* très-vigoureux, émondés jusqu'à 5 ou 6ᵐ de hauteur de tige, et dont l'ensemble constitue une assez vaste salle d'ombrage, où le soleil ne pénètre pas.

La partie supérieure de la grande pyramide est divisée en plusieurs jardins, sortes d'esplanades descendant par degrés jusqu'au niveau du palais des comtes Borromée; ces jardins sont peuplés de nombreuses statues et plantés d'un grand nombre de forts sujets de *Agave americana*, *Yucca alœfolia* à très-hautes tiges, *Chamœrops humilis*, *Dracœna indivisa*, *Cereus peruvianus*, *Opuntia ficus-indica*, etc., etc., et l'un d'eux doit ainsi au caractère spécial de cette végétation tropicale le nom de *Giardino delle Palme* (Jardin des Palmiers) qui lui a été donné. Quelques beaux spécimens de Conifères se trouvent un peu partout dans les jardins, principalement dans ceux du nord de l'île; ce sont surtout de magnifiques exemplaires de *Cryptomeria japonica*, de 20ᵐ de haut sur 1ᵐ50 de circonférence, et de *Cunninghamia sinensis* Rob. Br., deux espèces qui prospèrent si mal à Montpellier; un *Wellingtonia gigantea* Lindl., de 15ᵐ de haut, et surtout des Araucaria du Brésil (*Araucaria brasiliensis* A. Rich.), fort bel arbre représenté ici par plusieurs sujets très-remarquables, d'une hauteur de 12 à 15 mètres, qui se sont conservés en bon état, ce qui n'arrive pas souvent pour les individus de cette espèce. Cette belle Conifère, d'un aspect si singulier, résiste à Cherbourg, mais gèle à Montpellier par les hivers rigoureux. C'est ainsi que, dans notre *arboretum* de Lattes, près de Montpellier, où ont été essayés un très-grand nombre de végétaux exotiques, un sujet déjà fort d'*Araucaria brasiliensis* a gelé en janvier 1871, et qu'un autre sujet planté en 1872 a gelé aussi en décembre 1879. Enfin quelques énormes touffes de Camellias, ainsi que de beaux pieds de *Magnolia Yulan*, d'Anis étoilé (*Illicium anisatum*) et de Thé (*Thea viridis*), forment, avec de gigantesques Camphriers (*Laurus camphora*) de 25ᵐ de haut sur 3ᵐ de circonférence, à peu près le contingent des végétaux réellement remarquables qui se trouvent dans celle des îles Borromée que les voyageurs visitent de préférence, et qui par cela même est la plus connue.

Dans les jardins de l'isola Bella on a aussi essayé récemment la culture en plein air de deux plantes bien précieuses, originaires l'une et l'autre de l'Amérique équatoriale, et qu'il serait désirable de voir réussir dans notre colonie algérienne. C'est d'abord l'arbre à quinquina (*Cinchona officinalis*), dont l'écorce, justement recherchée en pharmacie, est estimée pour ses propriétés fébrifuges; c'est ensuite l'arbre à pain (*Artocarpus incisa*), dont le fruit contribue pour une large part à la nourriture des habitants, sur les bords du Rio Magdalena.

La culture des Cinchonas a été essayée avec succès à Darjeeling dans l'Inde anglaise, ainsi que dans la région de l'Himalaya et sur plusieurs autres points situés entre le 12ᵉ et le 27ᵉ degré de latitude nord. On y a d'abord semé des graines de diverses espèces, envoyées de la Nouvelle-Grenade, et la multiplication s'est ensuite opérée par le bouturage, qui a bientôt fourni un très-grand nombre de plantes, se comptant par milliers et dizaines de mille.

Les Quinquinas croissent à l'état sauvage dans les Cordillères des Andes, où ils ont été très-bien étudiés par M. Weddell, il y a une vingtaine d'années; l'une des espèces les plus estimées se trouve à Pitayo, sur les pentes du volcan de Puracé, dans la Nouvelle-Grenade.

Notre excellent ami, M. Edouard André, a décrit, avec l'autorité d'une réputation scientifique justement acquise, plusieurs régions habitées par les Quinquinas. Dans un grand voyage effectué par lui en 1875 et 1876, M. André a remonté le Rio Magdalena, à travers la double chaîne des Cordillères, et visité les Llanos de San-Martin ; puis, franchissant le nœud de Pasto, il est descendu dans le territoire de la République de l'Équateur. Il a publié un récit infiniment attrayant de ses explorations (1) dans des régions intéressantes à tant de titres, et ses descriptions présentent toutes un cachet de rigoureuse exactitude. La science lui est redevable d'un bon nombre d'observations importantes dans la flore et la faune grenadines, autant que dans la géologie, la minéralogie et même l'archéologie de la région qu'il a parcourue. Plusieurs plantes nouvelles ont été découvertes par M. André, et celles qu'il a pu rapporter en Europe à l'état vivant ont été fort admirées dans les Expositions d'horticulture, où elles apparaissaient pour la première fois ; il en est même quelques-unes, comme par exemple le *Philodendron gloriosum* et l'*Anthurium Andreanum*, dont l'introduction a produit une véritable sensation.

Des terrasses supérieures de l'île, on jouit d'un magnifique panorama sur toute la partie centrale du lac, depuis Luino jusqu'à Ispra ; à l'ouest, le regard fouille la baie de Fariolo jusqu'à l'embouchure de la Tosa, que dominent les roches granitiques du monte Orfano, près duquel se trouvent les carrières de marbre d'Ornovasso, qui ont fourni les matériaux ayant servi à la construction de la belle cathédrale de Milan.

On verra tout à l'heure les conséquences résultant, pour l'étude de la géographie botanique, des caractères de végétation que présentent les espèces particulières de plantes prospérant dans un milieu aussi spécial que celui de l'isola Bella, de l'isola Madre, ainsi que de Pallanza.

(1) *Tour du Monde*, livraisons nᵒˢ 861 à 1173.

Il n'est pas besoin de revenir ici sur la nature spéciale du climat de l'isola Bella, qui a été déjà défini précédemment, en le comparant à celui de Pallanza et de l'isola Madre ; cette étude comparative nous a démontré que la situation topographique de l'isola Bella, moins rapprochée du monte Rosso, rend son climat un peu plus froid en hiver que celui de ces deux autres localités, qui en sont moins éloignées. Il y fait pourtant un peu moins froid qu'à Stresa, qui est placée sur les bords du lac et en face de l'isola Bella, c'est-à-dire à une distance encore plus grande du monte Rosso, dont l'influence comme abri est alors nécessairement moins grande ; aussi a-t-on observé que le thermomètre descend de 1 à 2 degrés plus bas à l'isola Bella qu'à Pallanza, et que la différence est à peu près la même entre Stresa et l'isola Bella.

V

Le vapeur ne dessert pas l'isola Madre (l'île Mère), qui est pourtant la plus vaste des îles Borromée, et surtout la plus riche en collections de végétaux exotiques ; on s'y fait conduire par un batelier, soit de Pallanza, soit de l'isola Bella, la distance, dans l'un comme dans l'autre cas, étant d'environ 1,500 mètres. En partant de ce dernier point, on franchit, peu après, la crête sous-aquatique qui relie, à quelques mètres à peine de profondeur au-dessous du niveau de l'eau, l'isola Bella avec l'isola Superiore (île Supérieure), désignée aussi sous le nom d'isola Pescatori (île des Pêcheurs), et qui est entièrement couverte par des maisons que surmonte le clocher d'une petite église. Laissant cette île à sa gauche, le bateau traverse ensuite la partie du lac, profonde de près de 300 mètres, qui sépare l'isola Bella de l'isola Madre, et on accoste, une demi-heure après, sur les roches blanchâtres qui, émergeant au-dessus du niveau de l'eau, permettent d'aborder la plus grande des îles Borromée.

De gigantesques spécimens de *Lagerstrœmia indica*, formant

d'énormes touffes de 7 à 8 mètres de hauteur sur à peu près
autant de diamètre, et couverts de myriades de fleurs, se montrent d'abord aux yeux étonnés des visiteurs, car ce sont certainement les plus beaux échantillons de cette espèce que
nous ayons jamais admirés. Puis d'énormes Acacias blanchâtres de l'Australie (*Acacia dealbata* Lenk.); un gigantesque
Ménisperme à feuilles de Laurier, du Népaul (*Cocculus laurifo-
lius* D. C.), aux feuilles palminerves, entières et persistantes,
et de grands Caroubiers (*Ceratonia siliqua*), qui croissent les
uns et les autres entre les fentes des rochers, rappellent im-
médiatement la végétation spéciale de Nice, de Cannes et de
Gênes, en montrant la similitude du climat de l'île avec celui
des parties abritées du littoral de la Provence.

Le sol de l'isola Madre est fertile, siliceux et perméable,
conditions essentiellement favorables, qui permettent à un
grand nombre de plantes de prospérer avec vigueur et de
donner une végétation luxuriante. Une grande et belle habi-
tation, bien exposée au midi, a été bâtie dans l'île au-dessus
d'une vaste terrasse qui domine le lac, et d'où l'on jouit d'une
très-belle vue sur l'isola Bella, l'isola Pescatori, Baveno, Stresa
et quelques autres localités situées sur les bords de la partie
méridionale du lac, ainsi que sur les belles montagnes boisées
qui se montrent à l'est et à l'ouest. Le reste de l'île est occupé
par un vaste parc aux larges allées, tantôt droites, tantôt si-
nueuses, et dont la plus grande partie paraît avoir été arran-
gée depuis sa création et transformée en jardin paysager.

A l'abri du château, la Bignone du Cap (*Tecoma capensis*)
montre en pleine terre ses brillantes grappes de corolles rouges, et les Figuiers de Barbarie (*Opuntia ficus-indica*) mûrissent
leurs fruits disposés autour de leurs grandes raquettes charnues.

De même qu'à l'isola Bella, on retrouve à l'isola Madre de
grands et magnifiques exemplaires d'*Araucaria brasiliensis*,
Cryptomeria japonica, *Casuarina torulosa* et *Laurus camphora*,
qui sont tous aussi forts que les arbres des mêmes espèces
indiqués précédemment comme se trouvant dans la première

de ces îles. On y trouve aussi d'énormes Chênes verts (*Quercus Ilex*) de plus de 20 mètres de haut, et dont le tronc dépasse trois mètres de circonférence.

Les Conifères constituent à l'isola Madre la partie importante de la végétation arborescente. Il serait superflu d'énumérer beaucoup d'espèces telles que l'Epicea, le Pin sylvestre, le Cèdre de l'Himalaya, les Cyprès, les Ifs, les Thuias et d'autres encore, que l'on rencontre un peu partout dans les jardins du Midi ; nous retrouvons ici, de même qu'à l'isola Bella, la plupart de ces Conifères, représentées par des échantillons de très-grande dimension. Il convient de citer cependant quelques espèces moins communes ou intéressantes à divers titres, et dans le nombre une belle espèce mexicaine, le *Pinus Montezumæ*, aux très-longues feuilles ; une curieuse Conifère japonaise, le *Sciadopitys verticillata* Sieb. et Zucc ; puis les deux arbres géants de la Californie, d'abord le Red-Wood des Américains (*Sequoia sempervirens* Endlicher), plus connu sous le nom de *Taxodium sempervirens* ; et ensuite le *Wellingtonia gigantea* Lindley, qui a été décrit par M. Decaisne sous le nom de *Sequoia gigantea* Dec. On sait que les arbres de cette dernière espèce acquièrent, dans la Sierra-Nevada, des proportions réellement colossales, puisqu'on en a mesuré qui élevaient jusqu'à près de 100^m de hauteur leur cime supportée par un tronc large de plus de onze mètres de diamètre, ce qui représente près de 34 mètres de circonférence. La base du tronc d'un de ces monstres végétaux a été perforée de part en part d'une ouverture, sorte de tunnel de onze mètres de longueur, et suffisamment large pour pouvoir servir de passage à une route parcourue par les diligences (1). Une autre Conifère, originaire aussi de la Sierra-Nevada, mais aux proportions infiniment plus modestes, le *Torreya myristica* Hooker, est représentée par un bel exemplaire de 4 mètres de haut, chargé de nombreux fruits drupacés ; cet arbre, d'une croissance très-lente à Mont-

---

(1) Ch. Joly., *Note sur les arbres géants de la Californie.*— *Journal de la Société nationale et centrale d'horticulture,* 1883, pages 185-193.

pellier, n'y réussit même guère que dans des conditions exceptionnelles de sol et d'exposition. Il en est presque de même de deux espèces, pourtant communes, le Pin du lord Weymouth (*Pinus strobus*), ainsi que le Sapin du Canada (*Abies canadensis* Mich.), qui prospèrent admirablement bien aux îles Borromée, car elles y sont représentées par de grands échantillons de plus de 20 mètres de hauteur sur 3 m. de circonférence.

Il serait difficile d'admirer autre part aussi bien qu'ici le *Bambusa gracilis*, aux tiges grêles s'infléchissant gracieusement à l'extrémité, et formant d'énormes touffes d'un effet vraiment splendide, quoique pourtant ces belles plantes aient gelé jusqu'au pied en 1879. Les Camellias du Japon (*Camellia japonica*), les Azalées d'Amérique et de l'Inde, les Rhododendrons arborescents du Népaul et les Kalmias à larges feuilles (*Kalmia latifolia*) de l'Amérique boréale, qu'il est si difficile de conserver à Montpellier, forment tous de grandes touffes de 4 à 6 mètres de haut sur autant de diamètre, et doivent produire le plus charmant effet à l'époque de leur floraison ; un pied de Rhododendron argenté de l'Himalaya (*Rhododendron argenteum* Sm.) dépasse 8 mètres de haut, et son tronc mesure presque un mètre de circonférence.

Par contre, les Palmiers végètent assez mal aux îles Borromée, car les rares échantillons des quelques espèces de *Chamærops, Sabal, Livistonia, Pritchardia, Phœnix* et *Jubæa* qui s'y trouvent, ne donnent qu'une faible idée de ce que peuvent être ces belles plantes quand elles rencontrent, comme par exemple dans la villa Vigier, près de Nice, un sol et une exposition qui conviennent à leur tempérament. Un pied déjà fort du magnifique Cocotier du Chili, *Jubæa spectabilis*, planté depuis plus de trente ans, mesure 2ᵐ40 de circonférence à 50 centimètres du sol, mais ses feuilles déchiquetées indiquent néanmoins qu'il ne se trouve pas ici, comme à Pallanza, dans un milieu qui lui soit favorable. Il en est de même, du reste, dans la plupart des localités du littoral de la Provence et de la Ligurie, où cette espèce est considérée comme délicate à peu près partout, alors qu'elle est admirable de végétation dans notre Arboretum de Lattes, près Montpellier, et cela malgré des hivers parfois très-rigoureux. Nous avions planté, en 1867, un grand massif composé de douze forts sujets de *Jubæa spectabilis* qui avaient déjà grandi, quand ils eurent à subir le rigoureux hiver de 1870-71, dont l'intensité du froid n'avait jamais été égalée depuis celui de 1854-55. En janvier 1871, sous l'influence d'une température de — 16°, cinq pieds de ce massif de *Jubæa spectabilis* périrent par le froid; mais les sept autres résistèrent complétement, quoiqu'ils fussent pourtant placés tout à côté des premiers. Ces sept Palmiers survivants sont aujourd'hui des plantes splendides, déjà fort grandes, et l'une d'elles mesure plus de 3 mètres de hauteur totale sur 4 mètres de diamètre, tandis que son tronc a une circonférence de 2^m10. Il est intéressant de constater ici que le même hiver de 1871 fit périr, tout à côté, un grand nombre de Fusains du Japon, de Bibaciers, d'Arbousiers, de Troënes du Japon, de Lauriers-Tins et de beaucoup d'autres plantes qui gelèrent jusqu'au niveau du sol.

On peut encore citer, parmi les plantes intéressantes qui se trouvent à l'isola Madre, les espèces suivantes :

Abies Douglasii Lindl.,
Agave americana L.,
Andromeda axillaris Lam.,
Azalea indica,
Cephalotaxus Fortunei Hook.,
Cupressus funebris Endl.,
Cupressus lusitanica et ses variétés *glauca* et *pendula*,
Dioclea glycinoïdes Dec.,
Escallonia floribunda Humb.,
Liquidambar styraciflua L.,
Metrosideros lophanta Vent.,
Olea europæa L.,
Olea fragrans Thumb.,
Opuntia decumana Haw.,
Opuntia inermis D.C.,
Pinus australis Mich.,
Rhododendron ponticum L.,
Sterculia platanifolia L.,
Veronica salicifolia Forst.

Un mur est tapissé par le Figuier rampant de la Chine (*Ficus repens* Wild.), et on trouve dans l'île, un peu partout, des Bananiers (*Musa paradisiaca* et *Musa ensete*), des *Dasilyrion*

gracile en fleur, des Agaves de diverses espèces et un *Dracœna indivisa* de 3 mètres de hauteur de tronc, supportant une
tête composée de six branches, qui s'élèvent à plus de 6 m.
de haut.

Il existait, assure-t-on, un fort pied de Cycas du Japon
(*Cycas revoluta* Thumb.) qui avait été planté sur le bord même
de l'eau, où il a résisté pendant vingt-cinq ans, et dont le tronc
ne mesurait pas moins de 1 mètre de circonférence, mais qui
a malheureusement péri des suites de l'inondation de 1868.

Le climat de l'isola Madre étant un peu plus doux que celui de
l'isola Bella, les Orangers, Citronniers, Pamplemousses, Limoniers, Cédratiers et Mandariniers, y sont cultivés en plein
air, sans êtres protégés par les charpentes volantes dont on
fait usage pour recouvrir les espaliers de l'isola Bella; aussi
l'hiver de 1879-80 a-t-il surpris ces arbres, qui ont eu à souffrir de sa rigueur inusitée, et quelques pieds ne se sont pas encore complétement reconstitués.

VI

De l'isola Madre on peut revenir à l'isola Bella, pour profiter
du passage du vapeur, selon qu'on désire remonter vers la
partie nord du lac, ou explorer les bords de sa partie méridionale ; on peut aussi se faire conduire à Pallanza par le batelier qui vous a amené à l'isola Madre. Dans ce dernier cas,
une demi-heure suffit pour effectuer la traversée, et, laissant
à droite l'Isolino (Petite Ile), on débarque près de la principale place de la petite ville de Pallanza, coquettement située
au pied du monte Rosso, qui l'abrite du côté du nord. Un con-
tre-fort de cette montagne, se dirigeant vers l'est, s'avance en
promontoire entre les deux parties du lac, et c'est à son extrémité que se trouve le bel établissement horticole créé par
MM. Rovelli frères, dans une situation tout à fait exceptionnelle, unique même en son genre, car elle est heureusement
privilégiée par le magnifique panorama qu'on découvre de là,
et qui s'étend sur les trois parties du lac.

Le jardin Rovelli est peuplé d'un très-grand nombre d'espèces de végétaux exotiques, souvent très-rares et représentées par des échantillons déjà forts. C'est d'abord le Pin doré de
la Chine (*Pseudo-Larix Kœmpferi* Gord.), qui atteint 12 mètres
de hauteur sur 8 mètres 50.c. de diamètre de tête; il fructifie
abondamment, étant certainement le plus grand individu de
son espèce qui existe en Europe. C'est ensuite un sujet, non
moins remarquable, de *Keteleeria Fortunei* Car., sorte d'Abié-
tinée au feuillage piquant, rappelant un peu aussi le facies de
certains *Podocarpus*, et formant une pyramide conique de 12 m.
de hauteur sur 8 mèt. de diamètre. Planté depuis 24 ans, ce bel
arbre, qui est originaire de la Chine et du Japon, produit déjà
des cônes qui ne sont malheureusement pas encore fécondés,
par suite de l'absence des chatons mâles. Il y a aussi un très-
bel exemplaire d'une magnifique espèce californienne de Sapin,
l'*Abies bracteata* Hook., haut de 8 mètres environ et chargé
de nombreux cônes, ainsi qu'un sujet non moins remarquable,
quoique n'ayant guère que 2^{m}50 de hauteur, d'une curieuse
plante originaire de l'île japonaise de Niphon, le *Sciadopitys
verticillata* Sieb. et Zucc., prospérant ici admirablement bien.

Enfin les Conifères sont encore représentées à Pallanza par
un grand nombre d'autres espèces remarquables, parmi lesquelles il convient de citer tout particulièrement : le Pin pi-
gnon du Mexique (*Pinus Llaveana* Schied), les *Pinus Russe-
liana* Lindl. et *Pinus Winchesteriana* Gord., provenant aussi
l'un et l'autre du Mexique ; les *Cedrus Deodara viridis* et *Cedrus
Deodara robusta*, originaires des monts Himalaya; le *Thuia gigantea* Nutt., de la Californie, connu aussi sous le nom de *Li-
bocedrus decurrens* que lui avait donné le Dr Lindley ; les *Cupressus macrocarpa, C. corneyana, C. gracilis* et *C. majestica*,
forts sujets de 8 à 12 mètres de haut ; le *Podocarpus chinensis*
Wald., curieuse espèce japonaise et chinoise ; un fort pied
d'*Araucaria brasiliensis* A. Rich., haut de 11 mètres, et dont
la tête mesure 7 m. 50 de diamètre, qui produit de gros cônes
non encore fécondés ; l'*Araucaria Cunninghami* Ait., espèce
australienne assez frileuse, qui s'appelle maintenant *Eutacta*

Cunninghami Link.; l'*Abies religiosa* Lindl., belle espèce mexicaine de Sapin qui prospère très-bien à Cherbourg ; le Thuia
d'Algérie (*Callitrix quadrivalvis* Venten.), dont le bois est si
estimé pour l'ébénisterie; le *Pinus canariensis* Smith., espèce
sensible au froid, mais qui répousse facilement; le *Saxe-Gothœa
conspicua* Lindl., de la Patagonie ; les *Prumnopitys elegans*
Philippi, du Chili ; *Retinospora squarrosa* Sieb. et Zucc., du Japon ; *Torreya grandis* Fortun., du nord de la Chine ; *Torreya
nucifera* Sieb. et Zucc., du Japon ; *Torreya taxifolia* Arnott., de
la Floride, et le *Cephalotaxus pedunculata* Sieb. et Zucc., originaire aussi de la Chine et du Japon.

Les Conifères de la Nouvelle-Zélande et de la Tasmanie sont
représentées, par les espèces suivantes, affectant toutes des
formes hétéroclites et très-curieuses, qui leur donnent ainsi
un cachet tout particulier ; ce sont les

> *Dacrydium Franklinii* Hooker fils,
> *Dacrydium laxifolium* Hooker fils,
> *Frenela australis* Mirbel,
> *Libocedrus doniana* Endl.,

et *Phyllocladus rhomboïdalis* Richard, espèce plus connue sous le nom de *Phyllocladus asplenifolia* Hook.

On voit, par cette liste, combien les Conifères sont large-
ment représentées dans le jardin de MM. Rovelli, qui renferme
encore un très-grand nombre d'autres végétaux remarquables
à plusieurs titres, parmi lesquels on peut citer :

Un *Laurus camphora* de 12 m. 50 de haut sur 7 mètres de
diamètre de tête ; une autre Laurinée, le *Laurus glandulosa*,
présentant une énorme masse de 10 mètres de haut sur 9 mèt.
de diamètre ; un Magnolia à fleurs brunes de la Chine, *Magnolia fuscata* And., très-forte plante de 6 mètres de haut ; une
Myrtacée comestible originaire du Chili, l'*Eugenia ugni* Hook.
et Arn., mûrissant ici ses fruits ; un *Callistemon lanceolatus*,
autre Myrtacée d'Australie, connue aussi sous le nom de *Metrosideros lophanta* ; enfin un Laurier Avocatier (*Laurus Persea*
ou *Persea gratissima*), originaire de l'Amérique tropicale et

des Antilles, où il donne des fruits qui affectent la forme d'une poire ; cette espèce est ici en pleine fructification, ainsi qu'au Jardin botanique de Gênes.

Une intéressante Magnoliacée, le Cannellier de Magellan, ou Drimys aromatique, le *Drimys Winteri* de Forster ou *Wintera aromatica* de Murray, qu'on cultivait récemment encore en serre chaude, résiste ici en pleine terre et à l'air libre ; l'écorce de cet arbre est employée en médecine sous le nom de cannelle blanche ou écorce de Winter.

Puis quelques autres plantes intéressantes, telles que :

Acacia cultriformis,
— *pulverulenta,*
Agave applanata,
— *Salmiana,*
Aralia Sieboldi,
Arbutus Andrachne,
Azalea indica,
Benthamia fragifera,
Boldoa fragrans,
Citharexillon reticulatum,
Citrus aurantium,
— *californica,*
Cleyera japonica,
Coprosma Baueriana,
Dasilyrion gracile,
— *longifolium,*
Dioclea glycinoïdes,
Dracæna indivisa,
Eriobotrya japonica,
Eriostemon myoporoïdes,
Evonymus fimbriatus,
Ficus repens,

Gardenia Fortuneana,
Gordonia anomala,
Illicium anisatum,
Lomatia longifolia,
Metrosideros variés,
Myrtus communis,
Nandina domestica,
Nerium oleander,
Olea fragrans,
Olearia Haastii,
Opuntia Ficus-indica,
Osmanthus ilicifolius,
Phormium tenax,
— *t. variegata,*
Quercus macrophylla,
Quercus tomentosa,
Rhododendron arboreum,
Sarcococcos prunifolia,
Stauntonia latifolia,
Tetranthera japonica,
Thea assamica,
Yucca Whiplei.

Un joli sujet de Thé (*Thea viridis*) se maintient en très-bon état de végétation, ce qui est remarquable pour cette plante, dont on a essayé infructueusement la culture en Corse et en Algérie ; plusieurs espèces de Chêne, les *Quercus sclerophylla* et *Quercus inversa*, toutes deux à feuilles persistantes et originaires de la Chine, ainsi que le *Quercus dealbata* et quelques autres espèces mexicaines, prospèrent aussi très-bien.

Les Palmiers et les Cycadées sont représentés par les :

Chamærops excelsa,	*Phœnix tenuis,*
Chamærops humilis,	*Pritchardia filifera,*
Cocos australis,	*Sabal Adansonii,*
Cycas revoluta,	

ainsi que par un très-fort échantillon de Cocotier du Chili (*Jubœa spectabilis*), de 5 m. 50 de haut, planté depuis 33 ans, et dont le tronc mesure 3 mètres de circonférence.

Enfin, une plante jeune encore, étiquetée sous le nom d'*Eucalyptus glauca*, semble se rapporter, par ses feuilles très-glaucescentes, à l'espèce décrite par Hooker sous le nom d'*Eucalyptus coccifera*, dont il existe à Powderham-Castle, dans le comté de Devon (Angleterre), un sujet de 18 mètres de haut sur 2 mètres de tour à la base, qui, depuis 30 ans, brave les hivers sans souffrir jamais aucune atteinte, tout en fructifiant abondamment.

Mais l'attention des nombreux visiteurs est surtout attirée par une vaste plantation, en pleine terre, d'un nombre considérable d'exemplaires de Camellias, formant un véritable bosquet sur le versant nord du promontoire de Pallanza ; ce sont d'énormes touffes de 3 à 7 mètres de hauteur sur 3 à 4 mètres de diamètre, qui se développent avec vigueur et prospèrent admirablement. On n'a aucunement besoin de les abriter ni de les ombrer, car ces Camellias résistent complétement en pleine terre aux froids de l'hiver et, ce qui est plus remarquable, aux rayons ardents du soleil de l'été. Il y a là certainement un exemple, unique en son genre, d'une nombreuse et belle collection de très-forts pieds de Camellias, dont la végétation en plein air est on ne peut plus remarquable et qui doivent être splendides à l'époque de leur floraison.

VII

L'hiver de 1879-80, pendant lequel le thermomètre descendit, à Pallanza, jusqu'à.— 9°,5, fut véritablement désastreux pour la végétation exotique du lac Majeur ; cette température absolument anormale et tout à fait exceptionnelle ne s'y était jamais montrée aussi rigoureuse, puisque le plus grand froid observé jusque-là n'avait pas dépassé — 6°,8 au-dessous de zéro.

Cet hiver fit périr un *Grevillea robusta* déjà grand, ainsi que tous les Eucalyptus, qui furent gelés à peu près entièrement, tandis qu'un certain nombre d'espèces de plantes, reconnues ailleurs comme beaucoup plus frileuses, résistèrent pourtant sur les bords et dans les îles du lac Majeur ; on a pu en juger par la nomenclature que nous avons donnée des espèces végétales qui garnissent les jardins de Pallanza et des îles Borromée.

Il existe encore dans le parc de l'isola Madre un tronc d'*Eucalyptus globulus*, mesurant près de 2^m de circonférence, qui a dû être recepé à 1^m50 de haut, à la suite de l'hiver 1879, pour être utilisé ainsi comme support de Fougères et d'autres plantes. Un seul pied de Blue-Gum, ou Gommier bleu d'Australie (*Eucalyptus globulus*), a résisté en partie, portant encore, jusqu'à 20^m de haut, son tronc de près de 2^m de circonférence, quoiqu'il ait été gelé du côté du nord sur presque la moitié de son épaisseur ; mais l'écorce ainsi que les couches libériennes ont commencé à recouvrir, de chaque côté, la partie atteinte par le froid, et il est probable que dans quelques années la plaie sera entièrement fermée.

Ce froid de — 9°,5, tout à fait insolite au lac Majeur, et dont, par cette raison, on ne doit pas tenir grand compte dans la climatologie générale de cette station hivernale, a été observé à Pallanza le 10 décembre 1879 ; quoiqu'il n'ait pas été de longue durée, il a suffi néanmoins pour surprendre des végétaux, comme les Eucalyptus, alors encore en pleine végétation.

On sait, en effet, que les sujets d'une même espèce frileuse sont atteints plus ou moins par un froid déterminé, selon qu'ils se trouvent dans un état de végétation plus ou moins active ; et pourtant il semblerait, à première vue, que, si deux plantes de même espèce sont placées à peu de distance l'une de l'autre, dans le même terrain et absolument dans les mêmes conditions climatériques, elles devraient être soumises aux mêmes influences atmosphériques et subir également les atteintes du froid.

Il est cependant facile de comprendre que celle de ces plantes qui s'est maintenue en pleine activité de végétation, dont les tissus, par conséquent, sont encore gorgés de liquide au moment où le froid se produit, sera plus exposée à geler que celle dont la végétation se trouve dans un état de repos relatif. C'est ce qui explique les anomalies singulières qu'on observe souvent dans les effets produits par le froid ; de sorte qu'on ne peut pas dire, d'une manière certaine, qu'un végétal résiste à tel degré de froid et gèle à tel autre, mais bien que ce végétal gèle à te ou tel degré de froid, selon l'état de sa végétation au moment où le froid se produit.

Il est évident qu'il faut également tenir compte de l'état hygrométrique de l'atmosphère, et surtout de la persistance du froid; car on sait que les effets du froid, sous l'influence d'une température fortement saturée d'humidité, sont plus funestes, au moins à certaines plantes, que si la même température survient quand l'atmosphère est sèche. Et l'on sait aussi qu'un refroidissement nocturne, souvent de très-peu de durée, se produisant brusquement à la suite d'une journée chaude, sera moins funeste à la plupart des plantes que cette même température survenant à la suite de froids continus; la chaleur emmagasinée pendant le jour par les tissus de la plante l'empêchera de se refroidir outre mesure et lui permettra de se défendre contre un froid de peu de durée, alors qu'elle sera plus exposée à geler quand cet approvisionnement de calorique aura été entièrement épuisé. Ce sont autant de sujets intéressants de météorologie végétale, dont il est utile de rappeler les principes généraux, mais qui exigeraient des développements que ne comporte pas le cadre nécessairement restreint de cette notice.

Il est bon cependant de faire remarquer ici que les Eucalyptus n'ont pas partout été atteints de la même manière. Ainsi, à Montpellier, le froid du 10 décembre 1879 ayant été plus rigoureux qu'au lac Majeur, les *Eucalyptus coriacea* ont néanmoins supporté bravement — 13° à notre École nationale d'agriculture ; or, par une anomalie singulière, deux sujets de cette espèce, qui se trouvent dans notre Arboretum de Lattes, ont eu leur flèche gelée par un froid de —7°, 5 seulement, survenu le 15 mars 1883, ce qui était, il faut le dire, une température tout à fait exceptionnelle pour la saison. Ainsi donc, voilà une espèce qui avait résisté complétement à — 13° en 1879, et qui est atteinte par un refroidissement infiniment moins intense, de — 7°, 5 seulement. Mais il convient de faire remarquer qu'en 1883 nous avions observé déjà des maxima de + 23° pendant le mois de février, et il est à présumer que ces arbres étaient entrés en végétation quand ils ont été surpris par le froid. Un autre pied d'Eucalyptus d'espèce inédite avait même supporté à Lattes — 16° en janvier 1871, sans souffrir aucune atteinte, alors qu'à côté de lui, les Bibaciers, les Fusains, les Troënes du Japon, les Arbousiers, les Lauriers-Tins et un grand nombre d'autres plantes, réputées à bon droit comme infiniment plus rustiques que les Eucalyptus, gelaient jusqu'au niveau du sol. Mais ce pied d'Eucalyptus, pourtant déjà grand et assez gros, n'était pas très-vigoureux ; sa végétation était peu active, en hiver surtout, et c'est peut-être à cette cause qu'était due sa rusticité relativement considérable.

L'administration militaire avait fait planter, il y a quelques années, au Polygone du génie, près Montpellier, un assez grand nombre d'Eucalyptus appartenant au groupe désigné sous le nom de *Red-Gum*. Ces arbres ont rapidement grandi, et beaucoup, dès l'automne de 1879, ne mesuraient pas moins de 7 à 8 mètres de hauteur sur 40 à 60 centimètres de circonférence du tronc, à 40 centimètres au-dessus du sol. Il résulte d'une note publiée (1) par M. le capitaine Guéry que, sur les

---

(1) *Bulletin de la Société d'horticulture et d'histoire naturelle de l'Hérault*, année 1880, p. 150.

121 pieds d'Eucalyptus composant cette plantation, 3 seulement sont morts totalement à la suite de l'hiver de 1879-80, 28 sujets ont souffert plus ou moins et ont dû être rabattus, tandis que 90 de ces arbres ont conservé toute leur tige. Il est vrai qu'au Polygone, placé au sud-est de la ville et de la Citadelle, qui l'abritent un peu, la température est moins rigoureuse que celle des autres stations météorologiques du Jardin des plantes, de l'École normale et de l'École d'agriculture; aussi il y fait moins froid qu'à Lattes, car, depuis 1879, le thermomètre de M. Guéry n'est jamais descendu plus bas que — 8°,2. Ce minima extrême de l'hiver s'est produit, là aussi, le 10 décembre 1879, de même que partout ailleurs autour de Montpellier, et de même aussi qu'à Pallanza et dans la plupart des stations météorologiques de la France et de l'Italie.

Ainsi nous voyons que le fait observé à Lattes et à l'École d'agriculture sur des pieds d'Eucalyptus de la même espèce, dont les uns ont souffert alors que les autres ont complétement résisté, s'était déjà produit au Polygone de Montpellier; M. le capitaine Guéry a observé, en effet, que le même hiver y a fait périr complétement trois de ces arbres, alors que quelques autres n'étaient que partiellement atteints et que la plupart n'avaient aucunement souffert.

Ces différences, si singulières au premier abord, dans les effets du froid, sur des arbres de la même espèce, placés côte à côte et à peu près dans les mêmes conditions de sol et d'exposition, résident uniquement, croyons-nous, dans l'état particulier de la végétation de chacun de ces arbres, qui est plus ou moins active selon les individus au moment où le froid se produit. Et c'est aussi ce qui explique les funestes effets occasionnés par le refroidissement exceptionnel du 10 décembre 1879 sur les Eucalyptus du lac Majeur, alors que beaucoup d'autres espèces d'arbres, réputées à bon droit comme plus sensibles à la gelée, n'en ont souffert aucune atteinte. Nous en voyons une autre preuve dans la sensibilité au froid qu'ont également montrée les *Eucalyptus cotonifolia*, *Euc. obliqua* et *Euc.*

robusta du Jardin botanique de Pise (1), sous l'influence d'une température de — 7°, alors que dans le même Jardin les *Bambusa gracilis, Cereus peruvianus* et *Pittosporum Mayi,* n'avaient souffert aucune atteinte et que l'*Araucaria Bidwilli* perdait seulement l'extrémité de ses rameaux.

Il en est de même dans les immenses plantations d'Eucalyptus de Saint-Paul-Trois-Fontaines, près de Rome ; quelques espèces s'y sont montrées sensibles au froid, et beaucoup de jeunes sujets d'*Eucalyptus globulus* ont même perdu toute leur tige, mais ont ensuite repoussé du pied.

Il résulte aussi des observations faites au Jardin botanique de Pise que la Poincillade de Gillies (*Poinciana Gilliesi* Hook.) y a souffert d'un froid de — 7°, alors que cette belle Cæsalpiniée, originaire de Buenos-Ayres, avait été dans nos cultures confiée à la pleine terre, où elle avait supporté tous les hivers depuis 1850. Dans notre jardin de Montpellier et au Jardin botanique de notre ville, cette espèce a résisté, même en plein air et sans souffrir aucune atteinte, à l'hiver tout à fait exceptionnel de 1854-55, pendant lequel le thermomètre descendit, le 21 janvier, à — 18° au-dessous de zéro. Nous pourrions en dire autant des *Hyssopus officinalis, Lavandula spica, Pistacia lentiscus* et *Pistacia terebinthus,* qui ont souffert à Pise, sans toutefois périr complétement, par le même froid de —7°, alors que ces quatre espèces sont indigènes dans les garrigues des environs de Montpellier, où elles ont de tout temps bravé la rigueur des hivers.

Ces faits, qui semblent inexplicables au premier abord, trouvent pourtant leur raison d'être, ainsi que nous l'avons indiqué précédemment, dans l'état de la végétation des sujets, dans le degré d'humidité de l'atmosphère, ainsi que dans la perméabilité plus ou moins grande du sol ; ces circonstances jouent également un certain rôle dans la résistance des cinq espèces de plantes que nous venons de mentionner. Nous en verrons la confirmation dans le rapprochement que nous ferons

. (1) *Bulletino della R. Societa toscana di orticultura.* Maggio 1880

tout à l'heure, entre les effets produits sur les mêmes plantes par le rigoureux hiver de 1854-55, selon que ces plantes se trouveront au Jardin botanique situé au nord-ouest de Montpellier, ou bien dans notre ancien jardin, qui était placé au sud-est de la même ville, ou bien encore dans notre Arboretum de Lattes, situé dans une plaine d'alluvions, à 5 kilomètres sud de Montpellier et à 6 kilomètres de la mer.

Notons, en passant, que l'on ne peut guère se rapporter à une seule observation thermométrique, faite sur un point déterminé, pour indiquer par là l'intensité du froid que les végétaux ont à supporter. Généralement les observations météorologiques se font dans l'intérieur des villes, sous l'influence par conséquent de causes multiples qui en modifient les résultats, et dans des conditions qui sont loin d'être celles des jardins, situés près des villes ou en pleine campagne, et qui renferment les plantes et les arbres sur lesquels on observe les effets produits par le froid.

Il peut y avoir, ainsi que l'a si bien démontré M. Martins (1), une énorme différence entre les froids indiqués par plusieurs thermomètres, observés au même moment et dans la même localité, selon les situations respectives où ils se trouvent placés. C'est ainsi que sept thermomètres, répartis sur différents points de la ville de Montpellier, furent observés simultanément le 21 janvier 1855, à 9 heures du soir : tandis que l'un de ceux du Jardin botanique, placé loin de tout abri, marquait — 18°, celui de M. Ronchetti, opticien, fixé sur l'appui d'une fenêtre élevée de 8 m. au-dessus du pavé d'une ruelle étroite, et qui, par conséquent, ne pouvait rayonner vers le ciel, ne marquait que — 8° seulement. Les autres thermomètres indiquaient, selon leur position plus ou moins abritée, des températures comprises entre ces deux limites extrêmes, qui constatent un écart de 10 degrés, ce qui est énorme si l'on considère que ces observations étaient faites simultanément, dans la même localité et à peu de distance les unes des autres. Cet écart était

(1) *Revue horticole,* 1855, page 288.

déjà de plus de 4 degrés entre les quatre thermomètres placés
dans l'enceinte même du Jardin des plantes de Montpellier.
Nous devons retenir l'observation qui y a été faite loin de tout
abri ; elle nous reste pour démontrer que les jardins autour de
la ville, ou tout au moins ceux qui sont dans le voisinage du
Jardin botanique, ont subi, pendant la nuit du 21 janvier 1855,
l'influence d'une température de — 18° au-dessous de zéro.
Aussi les effets de ce refroidissement, tout à fait exceptionnel
à Montpellier, furent-ils désastreux pour la végétation ; les jardins en subirent de bien rudes atteintes et un grand nombre
d'Oliviers, de Lauriers et de Figuiers, furent gelés dans les
plaines environnant cette ville, tandis que les mêmes arbres
étaient souvent préservés sur les hauteurs.

Mais les effets du froid furent bien autrement funestes dans
nos pépinières de Lattes qu'à Montpellier ; il sera facile d'en
juger par la liste des espèces suivantes, qui resistèrent complétement à peu près partout, soit dans nos cultures de Montpellier, soit au Jardin botanique, soit aussi dans les parcs et
jardins des environs de la ville, alors qu'elles souffraient plus
ou moins du froid dans nos pépinières de Lattes :

Agave americana,	*Cupressus sempervirens,*
Annona triloba,	*Cupressus torulosa,*
Anthyllis barba-Jovis,	*Diospyros kaki,*
Arbutus Andrachné,	*Duvaua ovata,*
Arbutus unedo,	*Elœagnus reflexa,*
Bumelia tenax,	*Eriobothrya japonica,*
Buxus balearica,	*Evonymus japonicus,*
Camellia japonica,	*Fabiana imbricata,*
Cedrus atlantica,	*Hypericum balearicum,*
Cedrus Deodara,	*Indigofera dosua,*
Cerasus lauro-cerasus,	*Lagerstrœmia indica,*
Cereus peruvianus,	*Ligustrum japonicum,*
Chamœrops humilis,	*Magnolia grandiflora,*
Cupressus lusitanica,	*Medicago arborea,*
Cupressus pendula,	*Melia azedarach,*

Meliantus major,	*Punica granatum,*
Menispermum scandens;	*Quercus Ilex,*
Mimosa Julibrisin,	*Quercus suber,*
Myrica cerifera,	*Raphiolepis indica,*
Myrtus communis,	*Rhamnus alaternus,*
Olea europœa,	*Sabal Adansonii,*
Passerina hirsuta,	*Sequoia sempervirens,*
Phyllirea latifolia,	*Solanum jasminoïdes,*
Pinus alepensis,	*Sterculia platanifolia,*
Pinus pinea,	*Viburnum tinus,*
Pittosporum sinensis,	*Vitex Agnus-Castus,*
Poinciana Gilliesii;	*Yucca alœfolia.*

Cette nombreuse liste est entièrement composée, comme nous l'avons dit, des plantes qui ont résisté complétement dans notre jardin de Montpellier ou au Jardin botanique de la même ville, alors qu'à Lattes elles ont été plus ou moins atteintes par le froid. Parmi ces espèces, dont la liste, comme on le voit, est fort longue, il en est plusieurs qui ont gelé à Lattes jusqu'aux racines, et quelques-unes même qui n'ont pas repoussé ; les Bibaciers sont de ce nombre, ainsi que les *Poinciana, Pittosporum, Fabiana, Buxus balearica, Benthamia, Cupressus pendula, Melianthus* et *Chamœrops humilis*, qui ont péri complétement. La plupart des autres espèces ont gelé jusqu'au niveau du sol, mais ont ensuite repoussé, et un certain nombre ont seulement perdu leurs branches ou n'ont souffert que par leurs extrémités.

Quelques espèces de cette liste, il est intéressant de le constater ici, vivent pourtant à l'état indigène aux environs de Montpellier. L'Arbousier (*Arbutus unedo*) et le Chêne vert (*Quercus Ilex*), sont très-abondants non loin de notre ville, où ils forment de vastes forêts exploitées en taillis pour le chauffage des fours. Le Laurier-Tin (*Viburnum tinus*), l'Alaterne (*Rhamnus alaternus*), les Philarias (*Phyllirea angustifolia* et *Phyllirea latifolia*), le Grenadier (*Punica granatum*), le Myrte (*Myrtus communis*), et même l'Olivier (*Olea europæa*), peuplent les bois sur différents points de notre département. Ces diverses espèces forestières ont résisté au froid partout où elles existent à l'état sauvage ; tandis que dans nos pépinières de Lattes, où elles sont cultivées pour l'ornementation des jardins, les sujets de ces mêmes espèces ont beaucoup souffer de l'hiver 1854-55, ét la plupart ont même gelé jusqu'au nit veau du sol.

Et, parmi ces plantes qui ont supporté impunément — 18°, dans les environs de Montpellier, il en est qui se sont montrées sensibles à des froids infiniment moins rigoureux ; ce sont surtout les espèces suivantes :

Agave americana,
Cereus peruvianus,
Medicago arborea,
Melia azedarach (jeunes),
Melianthus major,
Mimosa Julibrisin (jeunes),
Myrtus communis;
Pittosporum sinensis,
Poinciana Gilliesii,
Sterculia platanifolia (jeunes).

Ces plantes ont gelé plus ou moins complétement, par des températures de — 8° à — 10°, qu'elles n'ont pu supporter à Lattes, alors qu'elles résistaient à Montpellier à — 18°, c'est-à-dire à une température infiniment plus basse.

Il est difficile d'expliquer des différences aussi tranchées dans les effets du froid, si l'on ne tient pas compte, comme il convient de le faire, de l'état de la végétation au moment où le froid se produit, ainsi que de l'humidité relative de l'atmosphère et de l'état de perméabilité du sol. A Lattes, le terrain, formé surtout d'alluvions argilo-calcaires de couleur blanchâtre, se réchauffe peu sous l'action des rayons solaires ; il n'emmagasine donc pas une forte somme de chaleur et reste par conséquent très-froid ; aussi la végétation au printemps y est-elle tardive. De plus, le sol, peu perméable, demeure humide en hiver, et l'atmosphère ambiante est assez fortement saturée d'humidité. Ce sont tout autant de causes qui rendent les effets du froid infiniment plus funestes pour beaucoup de plantes, et nous fournissent suffisamment l'explication des phénomènes, paraissant d'abord incompréhensibles, que nous avons signalés tout à l'heure.

VIII

En examinant attentivement la liste des nombreuses espèces de végétaux exotiques prospérant sur les bords du lac Majeur, comme dans les îles Borromée, si nous recherchons quelles sont, pour chacune d'elles, les contrées dont elles sont originaires, et où, par conséquent, elles vivent à l'état indigène, il est facile de remarquer que l'aire géographique de l'ensemble s'étend un peu partout, autant dans l'ancien continent que dans le nouveau, et aussi bien dans l'hémisphère boréal que dans l'hémisphère austral. Nous avons vu, en effet, que, parmi les végétaux qui trouvent au lac Majeur les conditions de milieu favorables à leur développement, on rencontre des espèces provenant des régions intertropicales prospérant côte à côte avec d'autres qui résistent aux hivers des régions polaires. C'est ainsi que, le *Cereus peruvianus* et le *Laurus Persea*, originaires du Pérou et des Antilles, vivent à l'état spontané sous la zone torride, tandis que le *Kalmia*, le Pin du lord Weymouth et le Sapin du Canada, supportent les hivers exceptionnellement rigoureux de l'Amérique boréale, dans le voisinage de la baie d'Hudson, c'est-à-dire à peu près à l'extrême limite nord de la végétation arborescente. Il y a donc, comme latitude, une différence de 40 degrés environ, dans le même hémisphère, entre ces points extrêmes, dont les climats respectifs sont tellement différents, qu'il ne semble pas possible, à première vue, que les plantes qui en sont originaires puissent vivre en commun dans le même lieu ; et pourtant ces mêmes plantes, venant de contrées et de climats si dissemblables, se développent au lac Majeur avec une puissance de végétation dont on trouverait difficilement l'équivalent dans les régions d'où elles sont originaires.

Il est vrai que c'est là un artifice de culture dont tous les jardins d'amateur offrent de nombreux exemples, sans que rarement pourtant le résultat obtenu soit aussi complet qu'au lac Majeur. On trouve bien, en effet, dans tous nos jardins, des arbres et des plantes originaires de la Chine, du Japon, de l'Inde ainsi que de l'Amérique, et ils en font souvent le plus bel ornement, mais cette diversité d'origine est bien loin d'égaler celle que l'on rencontre ici. C'est que, peut-être nulle part mieux qu'au lac Majeur, on ne trouve réuni sur le même point un ensemble aussi varié d'éléments climatériques se combinant dans de justes limites, et fournissant ainsi aux végétaux de presque tous les pays les conditions essentielles nécessaires à leur existence.

Et maintenant, si nous étudions le caractère spécial de la végétation au lac Majeur, nous verrons quels sont ses rapports avec :

1° La nature du sol,
2° L'humidité relative de l'atmosphère,
3° L'intensité du froid des hivers,
4° La chaleur des étés.

Nous chercherons à nous rendre compte de l'influence de chacune de ces causes climatériques sur les végétaux exotiques qui peuplent les bords du lac, ainsi que les îles Borromée. Cela nous aidera à trouver l'explication de bon nombre de faits observés, ainsi que la raison d'être d'un centre de naturalisation aussi important, eu égard à la situation géographique où il se trouve placé :

1° Le sol des principales localités situées sur les bords du lac Majeur, et particulièrement de Pallanza, comme aussi des îles Borromée, est généralement de couleur foncée, et par conséquent susceptible de se réchauffer en hiver, par l'absorption du calorique des rayons solaires, mieux que ne peuvent le faire les sols calcaires ou de couleur plus claire qui reflètent ces mêmes rayons au lieu de les absorber.

De plus, le sol est suffisamment perméable, ce qui est, en général, une condition éminemment favorable à la végétation, condition indispensable même pour beaucoup de plantes, et particulièrement pour la plupart des espèces australiennes, telles que les *Melaleuca*, les *Metrosideros*, les *Banksia* et les *Acacia* de la Nouvelle-Hollande; la perméabilité du sol est également nécessaire pour les plantes charnues, telles que les Cactées, les Agaves, les Aloès, les Mesembrianthèmes, etc., etc.

De plus, le granit et le micaschiste conviennent particulièrement aux plantes caractéristiques des terrains siliceux, ou qui se plaisent essentiellement dans ces mêmes terrains, telles que les *Laurus camphora, Evonymus fimbriatus, Magnolia fuscata* et *Yulan, Nandina, Pinus australis*, les Chênes du Japon, etc. Il en est de même des plantes dites do terre de bruyère, nommées ainsi parce que, pour les cultiver en pot ou quelquefois même en pleine terre, on les élève généralement dans un humus riche en sable siliceux, qu'on désigne sous le nom de terre de bruyère; ce sont particulièrement les Camellias, Azalées, Rhododendrons, Kalmias, Andromedes, Gardenias, Illiciums, etc., etc.

2° Un certain nombre de plantes exigent, pour prospérer convenablement, une atmosphère suffisamment saturée d'humidité en été, c'est-à-dire qu'elles ont besoin d'une dose convenable de chaleur humide pendant la période de leur végétation.

Ces espèces sont généralement originaires des contrées intertropicales; elles se développent près des cours d'eau, sur des points abrités des vents desséchants, dans les éclaircies de forêts épaisses ou dans les vallées fortement encaissées. Elles proviennent aussi des îles, telles que la Nouvelle-Zélande ou celles de l'archipel japonais, qui sont entourées d'eaux profondes, et se trouvent ainsi dans les conditions caractéristiques bien connues qu'on a désignées sous le nom de climat insulaire, par opposition à celui de climat continental. Mais toutes les îles ne présentent pas au même degré ce caractère climatérique spécial, soit que les eaux qui les entourent n'aient pas assez de profondeur, soit que leur territoire trop uni ne fournisse pas un abri efficace contre la fureur des vents.

Les îles du Japon sont divisées, sur toute leur longueur, par

une chaîne de montagnes qui, partant de leur extrémité méridionale, se continue à travers l'archipel des îles Kouriles,
pour reprendre sous la même direction dans la presqu'île de
Kamtchatka et se relier ensuite aux monts Stanovoï. Leur position respective semble indiquer que cette longue file d'îles
alignées n'est autre chose que la crête d'une grande chaîne
de montagnes sous-marines, dont les sommets, émergeant de
temps en temps au-dessus de l'eau, forment chacune de ces îles.
C'est ainsi que la principale d'entre elles, l'île Niphon, est partagée à peu près également, dans le sens de sa longueur, par
une chaîne de montagnes dont la ligne de faîte divise les eaux,
se déversant à l'est dans le Grand Océan, et à l'ouest dans la
mer du Japon. Il en est de même dans les autres îles japonaises de Kiu-Siu, Sikokf et Yeso. Le côté oriental de cette
chaîne se trouve dans de meilleures conditions de végétation,
au moins pour certaines plantes, parce qu'il ne reçoit que les
effluves marins venant du Grand Océan ; tandis que le versant occidental est placé sous l'influence des vents de terre,
qui, soufflant de la Mandchourie et du continent asiatique, arrivent jusque-là après avoir traversé la mer du Japon. Aussi
la différence dans la végétation, des deux côtés de la chaîne,
est-elle très-grande : tandis que les Camellias, par exemple,
acquièrent de grandes proportions et se développent d'une manière splendide sur les pentes exposées à l'est, ils ne forment
plus que des buissons rabougris, d'un mètre à peine de hauteur, sur le versant occidental.

Nous avons cité plus particulièrement les îles du Japon,
parce qu'elles sont un exemple plus saisissant qu'aucun autre,
en ce qu'elles constituent, à notre avis, le véritable critérium
du climat désigné généralement sous le nom de *climat insulaire*. Ce qualificatif « *insulaire* » nous paraît, du reste, bien
vague, répondant trop imparfaitement à la définition que nous
venons d'en donner. Nous avons vu, en effet, d'une part, que
toutes les îles ne profitent pas, bien s'en faut, des nombreux
avantages qui caractérisent le climat « insulaire » tel que nous
l'avons défini précédemment. Nous avons vu aussi que des

localités telles que le lac Majeur, placées dans une situation géographique essentiellement continentale, jouissent, au contraire, de tous les bienfaits de ce même climat appelé « insulaire. » Cette dernière expression nous paraît donc inexacte, en ce qu'elle désigne une chose essentiellement différente de la signification qui lui est propre. Nous pensons qu'on pourrait la remplacer par celle de climat « *hygrothermique* », exprimant bien mieux, ce nous semble, le caractère essentiel de cette nature climatérique à la fois chaude et humide.

Un certain nombre de plantes exigent les conditions spéciales de ce climat insulaire ou hygrothermique pour se développer convenablement. Nous citerons particulièrement les suivantes, qui nous paraissent réclamer plus spécialement cette exigence, et sont par cela même caractéristiques de cette nature de climat. Ce sont surtout les espèces des genres :

Andromeda,	*Illicium,*
Azalea,	*Kalmia,*
Camellia,	*Phyllocladus,*
Cryptomeria,	*Rhododendron,*
Cunninghamia,	*Sciadopitys,*
Dacrydium,	*Thea,*
Dammara,	*Thuiopsis*
Gardenia,	Etc., etc.

La plupart de ces plantes résistent aux froids des hivers de Montpellier, mais nous avons beaucoup de peine à les y conserver, à cause de la sécheresse atmosphérique de nos étés.

Le *Cryptomeria japonica* et le *Thuiopsis dolobrata* prospèrent admirablement chez un amateur distingué d'horticulture, M. Mazel, dans son jardin de Montsauve, près Anduze (Gard). Ces deux espèces japonaises y sont représentées par de magnifiques exemplaires de très-grande dimension, et ce jardin est remarquable aussi par la croissance rapide d'un grand nombre de végétaux dont les essais de naturalisation ont pleinement réussi. Le fait est intéressant à constater, car ces deux arbres

japonais ont été essayés un peu partout dans beaucoup de
jardins du midi de la France, et, à part quelques rares ex-
ceptions, on n'a jamais pu les voir se développer, ni même
se conserver longtemps à l'état vivant. Nous avons planté, à
maintes reprises pour notre part, dans nos cultures de Lattes, près Montpellier, de nombreux sujets de *Cryptomeria japonica,* mais, malgré tous nos soins, nous n'avons jamais pu
obtenir aucun résultat; pourtant les essais ont été faits dans
toutes les conditions, aussi variées que possible, de sol et d'exposition, mais les plantes ont vivoté tant bien que mal pendant
quelques années et n'ont pas tardé à dépérir. Le *Cryptomeria
elegans* se montre un peu moins réfractaire et se conserve
encore assez bien ; il en est presque de même de la variété
panachée du *Thuiopsis dolobrata,* qui se développe plus vigou-
reusement que l'espèce type, ce qui ne se rencontre généralement pas pour les variétés panachées. A Lattes, les sujets
de *Thuiopsis dolobrata* boudent souvent pendant longtemps,
même dans des conditions culturales aussi favorables que possible; mais quelquefois ils finissent à la longue par se développer.

Le *Cryptomeria japonica* et le *Thuiopsis dolobrata,* dont la
culture est si difficile, sont, en effet, comme nous l'avons déjà
indiqué, essentiellement caractéristiques du climat insulaire.
On s'explique donc facilement l'insuccès de leur culture, à
Lattes comme à Montpellier, deux localités qui sont loin de
présenter les conditions particulières à ce climat. A plus forte
raison devrait-il en être de même pour un point comme Montsauve, situé, encore plus que Montpellier, en dehors de l'influence de toute masse d'eau importante et à une distance
de la mer quatre ou cinq fois plus grande. Il semblerait dès
lors que le *Cryptomeria japonica* et le *Thuiopsis dolobrata* ne
devraient pas pouvoir vivre dans une telle localité, qui, par sa
situation géographique, semble devoir présenter tous les in-
convénients du climat continental. Ces deux arbres du Japon
prospèrent pourtant très-bien à Montsauve, où ils acquièrent
même un remarquable développement, ainsi que le constatent

les beaux et vigoureux exemplaires qu'on y rencontre. C'est
que, malgré des apparences contraires, Montsauve se trouve
placé dans une situation réunissant la plupart des conditions
qui caractérisent la nature particulière du climat insulaire,
que nous avons défini précédemment sous le nom spécial de
climat hygrothermique. Le jardin de M. Mazel se trouve, en
effet, situé près des bords d'un cours d'eau, sur un point
abrité des vents desséchants, dans une vallée étroite et fortement encaissée. De plus, le sol à Montsauve est siliceux, très-
perméable et fortement arrosé : trois circonstances qui faci-
litent encore davantage le développement de ces deux espèces
japonaises.

Les parties abritées du littoral méditerranéen de la Provence et du golfe de Gênes tiennent un peu de ce climat, en ce
qu'elles sont placées sur le bord d'eaux profondes et adossées à
des montagnes élevées qui les abritent des vents de terre ; aussi
peut-on voir quelques-unes des espèces que nous avons désignées comme caractéristiques des climats insulaires ou hygro-
thermiques, telles que les Camellias et les Rhododendrons arborescents, prospérer assez bien sur quelques points du littoral,
comme, par exemple, à la villa Vigier, près de Nice, et particulièrement à Nervi, près de Gênes. Dans cette dernière localité, placée sur les bords de la mer et exposée au sud-est,
ces plantes retrouvent, au moins en partie, les conditions climatériques d'exposition qu'elles rencontrent au Japon, sur le
versant oriental de sa chaîne de montagnes.

D'autres contrées doivent à la configuration spéciale de leur
sol de se trouver dans des conditions similaires à celles que
nous venons de décrire. Ainsi, par exemple, la partie occidentale de la Norwége, resserrée entre la côte et la chaîne
de montagnes qui descend, du nord au sud, à travers la grande
presqu'île scandinave, se trouve infiniment moins froide que
la partie située sur le versant oriental ; cet effet se produit in-
dépendamment de l'influence du Gulf-Stream, ce grand courant équatorial qui, traversant la Manche et la mer du Nord,
vient lécher les côtes norwégiennes sur les bords de l'Atlantique.

De même, en face du Japon, de l'autre côté du Grand Océan, la partie de la Californie resserrée entre la Sierra-Nevada et les bords de la mer se trouve dans des conditions analogues à celles de la partie occidentale de la Norwége ; c'est-à-dire qu'elle est également très-abritée des vents de terre et qu'elle jouit aussi de l'influence climatérique particulière au climat du littoral de la mer, qu'on a désigné sous le nom spécial de « climat maritime. » Une situation géographique équivalente place aussi dans des conditions absolument identiques la région très-étroite qui longe la côte occidentale de l'Amérique du Sud, depuis le golfe de Panama jusqu'au détroit de Magellan, entre la chaîne des Andes et le bord de l'Océan Pacifique.

La Californie fournit à nos jardins un très-important contingent de belles espèces d'arbres, dont la plupart acquièrent des proportions colossales. Ce sont, pour ne citer que les principales :

Abies bracteata,	*Pinus Lambertiana,*
Abies Douglasii,	*Pinus ponderosa,*
Cupressus californica,	*Pinus Sabiniana,*
Cupressus Lambertiana,	*Sequoia sempervirens,*
Libocedrus decurrens,	*Torreya myristica,*
Picea grandis,	*Wellingtonia gigantea.*

Toutes ces espèces prospèrent généralement très-bien à Lattes, ainsi que dans les parcs et jardins du midi de la France et de l'Italie, et la plupart même se développent convenablement dans tout le reste du territoire français, ainsi qu'en Angleterre.

Mais quelques-unes pourtant, telles que le *Torreya myristica,* les *Abies bracteata* et *A. Douglasii,* exigent des soins spéciaux, et sont relativement délicates sous le rapport de la chaleur de nos étés, qui sont beaucoup trop secs pour elles, alors qu'elles ne craignent nullement le froid de nos hivers. Par contre, les *Cupressus californica* et *C. Lambertiana,* ainsi que le *Pinus Sabiniana,* résistent à Montpellier, mais seraient sensibles au froid sous un climat plus rigoureux. Toutes ces espèces habitent la partie de la Californie située entre le bord de l'Océan et les crêtes de la Sierra-Nevada, sur les pentes de laquelle elles s'élèvent parfois à de grandes altitudes.

Le *Cupressus Lambertiana* a acquis des proportions colossales dans notre Arboretum, à Lattes, près Montpellier; deux pieds de cette espèce, plantés en 1855, mesuraient déjà, en 1867, 16 mètres de haut sur 1ᵐ25 de circonférence de tronc, et étaient à cette époque les plus forts échantillons existant en Europe; ils ont beaucoup grandi depuis, et le tronc de l'un d'eux mesure aujourd'hui 3 m. 40 de circonférence, tandis que chacun de ces arbres forme une énorme masse de 45 mètres de tour. Nous avons toujours considéré cette espèce comme destinée à devenir une essence forestière, précieuse pour le reboisement de nos montagnes calcaires, aujourd'hui si dénudées; car le *Cupressus Lambertiana* est une espèce robuste, qui prospère admirablement dans tous les terrains, dont la croissance est très-rapide et dont le bois est d'excellente qualité, ainsi qu'on a pu en juger par les échantillons du bois de cette espèce, travaillés et vernis, que nous avions envoyés à l'Exposition universelle de 1867. Malheureusement ces arbres, à Lattes, sont avares de graines; ils ne produisent chaque année qu'un petit nombre de strobiles, fournissant à peine des semences pour la multiplication horticole de cette espèce, alors que des sujets de cette taille devraient, si leur fructification était raisonnable, produire des graines par hectolitres, en quantité suffisante, par conséquent, pour reboiser les parties dénudées de notre département.

La situation du lac Majeur, quoique en apparence très-différente de celle qui caractérise les îles japonaises, présente les mêmes conditions d'eaux profondes et jouit en outre des abris naturels qui arrêtent les vents froids ou secs, venant des montagnes; la configuration générale de la vallée laisse pénétrer, seulement par son extrémité méridionale, les effluves chauds du vent du sud, qui, venant directement de la Méditerranée, sont toujours plus ou moins saturés d'humidité. Et, d'autre part, l'évaporation produite en été, sous l'influence d'une température nécessairement élevée, agissant sur une masse d'eau aussi considérable, augmente proportionnellement le degré d'humidité de l'atmosphère, alors que cette évaporation est insignifiante pendant la saison d'hiver.

3° Les résumés des observations météorologiques faites à Pallanza nous ont montré quelle était, au lac Majeur, la nature particulière du froid pendant les hivers rigoureux. Si nous jugeons des effets produits par ces froids sur les végétaux, nous remarquons, d'abord, qu'un assez grand nombre des espèces que nous avons déjà eu occasion de citer, comme bravant les hivers au lac Majeur, ne résistent pas sous le climat de Montpellier; d'autre part, si nous consultons la liste des plantes qui résistent en plein air à Cannes, Nice, Menton, San-Remo, Gênes et Nervi, nous en trouverons un assez grand nombre qu'on ne rencontre pas au lac Majeur, et, par exemple, les espèces suivantes :

Acacia cultriformis,	*Habrothamnus.* Var.
— *Farnesiana,*	*Jacaranda mimosæfolia,*
Araucaria Bidwilli,	*Justicia adathoda,*
— *excelsa,*	*Laurus indica,*
Banksia serrata,	*Livistona australis,*
Bougainvillea spectabilis,	*Myoporum pictum,*
Budleya madagascariensis,	*Parkinsonia aculeata,*
Cocos flexuosa,	*Phœnix canariensis,*
— *Romanzoffiana,*	— *dactylifera,*
Eugenia australis,	— *reclinata,*
Ficus elastica,	*Phytolacca dioïca,*
— *rubiginosa,*	*Schinus molle,*
Grevillea robusta,	*Zamia horrida,*

Les plantes de cette liste garnissent la plupart des jardins dans les parties les plus abritées du littoral de la Provence et du golfe de Gênes, et nous pouvons, par cette raison, les signaler ici comme caractérisant la végétation de cette région privilégiée.

Ces espèces sont trop frileuses pour résister à Montpellier, où nous les avons presque toutes essayées à la culture en plein air, soit dans notre jardin de Montpellier, soit dans notre Arboretum de Lattes. Quelques-unes pourtant, telles que *Myoporum pictum, Phænix dactylifera, Grevillea robusta, Phytolacca dioïca, Fugenia australis, Acacia Farnesiana* et *Schinus molle,* ont supporté souvent à Montpellier plusieurs hivers successifs ; elles y ont gelé sous l'influence de quelqu'un de ces hivers rigoureux survenant à Montpellier tous les quatre à cinq ans, et suffisamment froids d'ailleurs pour empêcher d'y cultiver une foule de plantes qui, sans cela, supporteraient facilement la culture en plein air.

C'est ainsi que nous avons conservé pendant longtemps, dans notre jardin de Montpellier, un pied de *Phytolacca dioïca* qui avait acquis en peu de temps des proportions considérables. Planté en 1856, il avait toujours résisté jusqu'en 1870, grâce à ce que, chaque année, on recouvrait le tronc de paille et de toile ; mais la rigueur de cet hiver exceptionnel, pendant lequel le thermomètre descendit à — 16°, fut funeste à cet arbre, qui périt malgré le soin avec lequel il avait été enveloppé. Son tronc mesurait alors 2^{m}40 de circonférence, et, à la hauteur de 4 mètres, il se divisait en trois branches, dont le développement total ne comportait pas moins de 25 mètres de tour ; c'était, à cette époque, le plus grand échantillon de son espèce qui existât dans le midi de la France.

Du reste, à Montpellier ou dans les environs, et cela malgré nos hivers, parfois rigoureux comme on vient de le voir, on rencontre, sur quelques points isolés, des *Phœnix dactylifera* qui résistent depuis de longues années dans des parties très-abritées ; ces arbres sont placés généralement dans les angles formés par des constructions très-élevées, à l'exposition du sud ou plutôt du sud-est, et complétement à l'abri de tous les vents. La plupart de ces Palmiers ont supporté, dans ces conditions et sans souffrir aucunement, le rigoureux hiver de 1855, grâce à une légère enveloppe de paille ou de toile dont on recouvre généralement les feuilles après les avoir serrées. Il

existe aussi un fort pied de Dattier dans la propriété de M. De-
moutiers, aux métairies St-Joseph, près de Cette, à 26 kilomètres de Montpellier, tout à fait en plein air et loin de tout
abri, sur une presqu'île qui s'avance dans l'étang de Thau. Cet
arbre, qui fleurit depuis une douzaine d'années, est planté là
depuis plus de cinquante ans et mesure 2^m75 pour la hauteur
de son tronc, sur environ 1^m40 de diamètre et à peu près 6^m
de hauteur totale, feuilles comprises. M. Arnaud, auquel nous
sommes redevables de ces renseignements, possède dans sa
propriété, située tout à côté, deux grands *Chamærops humilis*
élevant leurs têtes sur des troncs de 1^m50, et qui étaient char-
gés de fruits au moment de notre visite.

Enfin M. Duchartre a signalé, le premier (1), l'existence à
Roquebrun d'Orangers et de Citronniers cultivés à l'air libre,
où ils résistent depuis déjà fort longtemps, dans cette petite
localité du département de l'Hérault, située à 24 kilomètres
nord-ouest de Béziers et à 66 kilomètres en ligne droite à l'ouest
de Montpellier. Ce fait est d'autant plus remarquable, que Roquebrun est éloigné de la mer de 35 kilomètres et placé sur les
bords de la rivière de l'Orb, qui coule ses eaux dans une vallée descendant de la partie la plus élevée et la plus froide du
département. Mais Roquebrun est adossé à une chaîne de hautes collines, disposées en amphithéâtre, et surmontées elles-
mêmes par des montagnes beaucoup plus élevées, qui forment
un puissant abri contre les vents du nord, nord-est et nord-
ouest. C'est à la puissante influence de cet abri naturel qu'est
due la résistance, sur ce point isolé et étroitement circonscrit,
des Orangers et Citronniers déjà développés qu'on rencontre
dans cette localité privilégiée. Il y a là plus d'une centaine de
sujets, dont une vingtaine, qui sont déjà grands, produisent
chacun, en moyenne, de 200 à 300 fruits chaque année. Le plus
ancien de ces Orangers était âgé de cinquante-cinq ans en 1863
et fructifiait à cette époque depuis une trentaine d'années ; il
était formé sur deux tiges, dont l'une mesurait 0 mèt. 75, et

<hr>

(1). *Journal de la Société centrale d'horticulture de France,* 1863, p. 270.

l'autre 0 mèt. 76 de circonférence, tandis que la hauteur totale de l'arbre était de 5 mèt. 25, et que l'ensemble de ses branches formait une touffe de 5 mèt. 50 cent. de diamètre. Cet
arbre, déjà grand, comme on peut en juger, était alors couvert
de plus de 600 oranges. C'est là un exemple frappant de ce que
peuvent déjà les abris naturels, par leur seule influence sur
le climat d'un point déterminé, placé dans des conditions particulières aussi favorables que la localité de Roquebrun.

4° Nous avons vu, par les observations météorologiques faites
à Pallanza, que la chaleur, pendant les mois d'été, est assez
modérée sur les bords du lac Majeur, ainsi que dans les îles
Borromée. Il est facile de comprendre, en effet, ainsi que
nous l'avons déjà expliqué, que l'énorme masse d'eau contenue
dans le lac agit constamment sur l'atmosphère, en l'empêchant
de se refroidir outre mesure pendant l'hiver, et qu'elle agit de
la même manière en l'empêchant de se réchauffer plus qu'il
ne faut pendant l'été. La température de l'eau du lac, ne va-
riant que de quelques degrés à peine selon les saisons, constitue ainsi, quand la température tend à devenir extrême, dans
l'un comme dans l'autre sens, un foyer de calorique pendant
l'hiver, et à la fois un foyer réfrigérant non moins énergique
pendant l'été. Nous avons vu, en effet, que les extrêmes maxima
observés à Pallanza sont souvent moins élevés en été que ceux
de beaucoup de villes, comme Turin, Milan, Montpellier et
même Paris, où il fait pourtant beaucoup plus froid en hiver.

La chaleur, au lac Majeur, est pourtant suffisante pour que
les Orangers et les Citronniers y mûrissent leurs fruits, et pour
que la plupart des espèces intertropicales y aoûtent leur bois
d'une manière assez complète pour le rendre résistant au froid
de l'hiver. L'aoûtement du bois est, en effet, une condition
dont nous n'avons pas encore parlé, et qui exerce pourtant
une bonne part d'influence sur la résistance à la gelée. Nous
avons souvent eu l'occasion d'observer des effets de froid
tout à fait différents, sur des sujets d'une même espèce placé
côte à côte dans le même jardin, alors que, par des circonstances spéciales, les unes avaient très-bien mûri leur bois,

tandis que celui des autres n'était pas suffisamment aoûté ;
nous avons remarqué que les sujets qui se trouvaient dans ce
dernier cas se montraient infiniment plus sensibles au froid
que ceux dont le bois était bien mûri, et nous avons constaté
à cet égard des différences très-caractéristiques.

D'ailleurs, ce serait une erreur de croire qu'une température trop élevée soit absolument nécessaire à la végétation de
plantes des pays chauds, même pour les espèces qui vivent à
l'état indigène dans les régions intertropicales. Un grand nombre de ces espèces, même de celles qui exigent à Montpellier
la culture en serre chaude, sont souvent originaires de localités situées à de hautes altitudes, où la température s'élève
souvent moins dans le jour que pendant les fortes chaleurs de
Montpellier, de Paris et même de Saint-Pétersbourg.

— Dans le midi de la France, la végétation s'arrête à peu près
complétement à l'époque des plus grandes chaleurs, parce que,
l'atmosphère étant alors le plus souvent très-sèche, les plantes
ne peuvent compenser l'énorme déperdition d'humidité produite par une évaporation trop active, pendant cette saison,
qui correspond généralement à une période de sécheresse très-
prononcée ; elles se fanent et ne tarderaient pas à périr, si la
brise de mer, qui souffle souvent l'après-midi, en saturant l'atmosphère d'une certaine dose d'humidité, ne venait neutraliser,
en partie, les effets de cette sécheresse prolongée. C'est cette
même brise de mer qui, soufflant d'une manière plus régulière
à partir du commencement d'août, favorisait si singulièrement
la maturation des raisins et augmentait considérablement le
volume des baies à l'époque, malheureusement loin de nous
maintenant, où le sol de notre contrée était entièrement couvert par les splendides vignobles qui faisaient la richesse de
notre beau département.

IX

On pourrait dire vraiment, si l'on ne craignait pas de pa-
raître quelque peu paradoxal, qu'une visite à travers la végé-

tation des îles Borromée et des bords du lac Majeur équivaut presque à un voyage botanique dans le monde entier. On trouve, en effet, dans les jardins de cette région, privilégiée sous bien des rapports, un grand nombre de végétaux exotiques qui y prospèrent admirablement, et qui rappellent, par la diversité de leurs provenances originaires, la plupart des contrées disséminées dans les deux hémisphères.

Mais, en admirant ces beaux exemplaires de végétaux du Japon et de la Chine, de l'Inde et de l'Amérique, de l'Australie et de la Nouvelle-Zélande, on se rappelle, involontairement aussi, les nombreux jardins qui font le plus bel ornement des bords de la Méditerranée, le long des côtes espagnoles, françaises et italiennes, et dans lesquels toutes ces plantes exotiques ou tropicales acquièrent un si remarquable développement. Si nous pouvions étudier ici les caractères spéciaux de la végétation, dans chacune des parties de cette région méditerranéenne, qui est très-étendue, nous ne tarderions pas à nous apercevoir que le climat de chacune de ces localités, caractérisé surtout par la végétation exotique des nombreux jardins qu'on y rencontre, n'est le plus souvent, de même que nous l'avons vu aussi pour le lac Majeur, aucunement en rapport avec la latitude sous laquelle cette localité se trouve placée. Il y a là une étude très-intéressante à faire, mais que nous ne pouvons guère poursuivre en ce moment, parce qu'elle nous entraînerait trop loin, alors que pourtant il existe une corrélation intime entre elle et le sujet que nous venons d'étudier; nous aurions été amené nécessairement à examiner, d'une manière comparative ainsi que d'une façon forcément détaillée, les caractères de la végétation que présente chacun des points de la région méditerranéenne, et le sujet nous paraît assez vaste pour en faire l'objet d'une étude toute spéciale.

Nous nous bornerons donc, pour aujourd'hui, à rappeler que la végétation au lac Majeur présente, sous bien des rapports, les caractères spéciaux de la végétation des côtes de la Méditerranée. On y rencontre en effet, quoique à des degrés variables selon les circonstances, les mêmes conditions d'eaux profóndes et d'abris naturels qui empêchent la température de s'abaisser outre mesure ; de terrains fertiles et perméables, quoique de natures diverses, qui permettent de cultiver la plupart des végétaux exotiques ; et enfin une atmosphère suffisamment saturée d'humidité, et relativement fraîche en été, pour que les mêmes végétaux y supportent facilement la saison estivale, tout en se trouvant dans d'excellentes conditions pour aoûter convenablement leur bois. Nous avons étudié successivement les influences qu'exerce chacune de ces causes sur la climatologie végétale du lac Majeur, et par conséquent sur les limites possibles dans lesquelles la naturalisation des végétaux peut être essayée avec quelque chance de succès ; examinant ensuite les effets produits par le froid, selon que le sol et l'atmosphère sont plus ou moins humides et selon aussi que ce froid est plus ou moins persistant, nous avons indiqué, par de nombreux exemples, quelles étaient les natures de plantes qui sont plus spécialement caractéristiques de chacune de ces particularités climatériques.

Le littoral de la Méditerranée, depuis Almeria et Carthagène, tout à fait au sud de l'Espagne, jusqu'à Nice et Gênes, ainsi qu'au delà, jusqu'à Naples et Reggio, à l'extrémité méridionale de l'Italie, n'est pas partout également abrité, et le climat, dans chacune de ses parties, varie nécessairement d'un point à un autre. Ce climat, ainsi qu'on peut en juger par les quelques exemples que nous avons cités, est tantôt plus chaud, mais souvent plus froid que celui dont jouissent les îles Borromée, ainsi que quelques points situés sur les bords du lac Majeur, qui est pourtant placé sous une latitude beaucoup plus au nord que la partie la plus septentrionale de ce même littoral. Et ce qui est remarquable, c'est que, justement, la partie du littoral de la Méditerranée qui est la plus septentrionale se trouve précisément être la plus abritée. Ainsi nous voyons qu'entre Nice et San-Remo, les bords de la mer se redressent en montagnes escarpées, qui s'élèvent à de grandes hauteurs, abritant d'une manière tout à fait exceptionnelle les surfaces, excessivement restreintes, de cette région, où il soit possible d'établir quelques cultures. Les localités de Beaulieu et d'Eza sont de véritables serres chaudes, et la contexture du littoral place dans des conditions à peu près analogues toute la partie comprise entre Nice et San-Remo.

Ce n'est guère, en effet, qu'à partir de Nice ou de Villefranche, et jusqu'à Vintimille, qu'on trouve le Caroubier vivant à l'état réellement indigène, et surtout qu'on lui voit acquérir d'aussi gigantesques proportions. Il est cultivé un peu partout; mais il faut aller presque jusqu'aux extrémités méridionales de l'Espagne ou de l'Italie pour le retrouver à l'état absolument spontané. Ce n'est guère non plus qu'autour de Menton, et entre Menton et Vintimille, qu'on peut admirer ces vastes plantations de Citronniers en grands bosquets, disposés par gradins, qui remplissent plusieurs vallées sur le versant méridional de la montagne. Ces arbres prospèrent là admirablement bien, sans aucun abri artificiel, et produisent en toute saison d'énormes quantités de fruits. Il faut aller jusqu'à Mayoli et Amalfi, c'est-à-dire plus loin que Naples, pour trouver des cultures de Citronniers comparables à celles de Menton, et encore ces arbres ont-ils besoin, sous cette latitude pourtant très-méridionale, d'être recouverts de branchages rameux pour les préserver de la grêle, et surtout de la neige, qui tombe fréquemment dans cette région. Nous pourrions ajouter que ces arbres sont placés dans une exposition très-abritée, presque à la base du versant méridional du monte Sant-Angelo, qui domine le golfe de Salerne en s'élevant à une altitude de près de 1200 mètres; il y a là, comme on voit, un abri aussi important, quoique peut-être un peu moins efficace, que celui qu'offrent les montagnes surmontant les côtes de Nice jusqu'à San-Remo. Ce n'est réellement qu'en Sicile que le Citronnier prospère aussi bien qu'à Menton, et encore sa fructification n'y est-elle pas aussi permanente que dans les environs de cette dernière ville, car elle s'arrête pendant la saison d'été, tandis qu'à Menton et Vintimille elle ne cesse pas de toute l'année.

Il est vrai que la partie du littoral située entre Nice et San-Remo est exceptionnellement abritée par des montagnes de plus de mille mètres d'altitude, dont les pentes descendent presque verticalement dans la mer, naturellement très-profonde le long de toute cette partie du littoral. Aussi cette région était-elle caractérisée, récemment encore, par la présence à l'état indigène du Palmier nain (*Chamærops humilis*), qu'on trouvait, il y a quelques années à peine, sur la plage de Beaulieu, près de Nice, et qui a disparu depuis. En dehors de ce point spécial et très-circonscrit, on ne le trouve plus, à l'état réellement spontané, que dans les parties méridionales de l'Italie et de l'Espagne, en Sicile, en Grèce et enfin en Algérie, où il fait, comme on sait, le désespoir des colons qui ont à défricher les terrains qui leur sont concédés. Ce n'est que par des circonstances climatériques toutes particulières qu'on rencontre encore le *Chamærops humilis* un peu au nord de cette limite, comme par exemple aux îles Baléares, en Sardaigne, à l'île de Capraja et sur le versant méridional du monte Argentale, qui forme une petite presqu'île près d'Orbetello, sur la côte toscane et en face de la Corse. Sa présence à l'état réellement spontané, dans cette dernière localité, est même considérée par plusieurs comme étant un peu douteuse ; pourtant le Caroubier, qui est presque partout le compagnon obligé du Palmier nain, acquiert sur ce point des proportions colossales, et les arbres séculaires de cette espèce qu'on y rencontre semblent même plaider en faveur de son indigénat. On voit par là combien l'aire géographique du *Chamærops humilis* est étendue, alors qu'elle est limitée au nord par une latitude essentiellement méridionale, située entre le 37me et le 38me degré. La présence de cette plante, qui existait récemment encore, à l'état spontané, à Beaulieu près de Nice, c'est-à-dire vers le 44me degré, et d'où elle n'a disparu qu'accidentellement, constate une fois de plus la situation privilégiée de cette région, où le *Chamærops humilis* restait confiné à 6 ou 7 degrés plus au nord que son habitat actuel. Cette plante était là comme une sorte de sentinelle avancée, formant un chaînon qui reliait l'espèce vivante à la même espèce paléontologique, qui, d'après MM. Heer et Schimper, a été trou vée à l'état fossile, comme faisant partie de la flore tertiaire moyenne de l'Europe, dans les grès de la molasse inférieure miocène, sur les bords du lac de Zurich.

Le climat de la partie du littoral comprise entre Nice et San-Remo est certainement beaucoup plus chaud que celui de Pallanza et des îles Borromée ; il en est de même de plusieurs localités, telles que Gênes, Nice, Cannes, Golfe-Jouan, Hyères, et de quelques autres points généralement très-circonscrits, comme Nervi, Camogli, Santa-Margherita, Rapallo, Zoagli, Bonassola et Vernazza, échelonnés entre Gênes et la Spezia. Par contre, les intervalles compris entre ces stations principales et les contrées situées en Italie, entre Pise et Terracine, de même que la partie de la côte française comprise entre Marseille et Perpignan, ont à supporter presque toujours un climat plus froid que les localités les plus abritées des bords du lac Majeur. On voit par là combien est grande l'influence des abris naturels, puisque Terracine est située au delà de Rome et près du 41^{m} parallèle, par conséquent sous une latitude plus méridionale de 5 degrés que celle du lac Majeur.

Il nous faudrait descendre beaucoup plus bas encore, si nous voulions trouver, en dehors de tout abri, l'équivalent du climat de Gênes et de Nervi, comme de la partie comprise entre Nice et San-Remo. Il faudrait aller à Carthagène ou Alméria, sur la côte espagnole, ainsi qu'à l'extrémité méridionale de l'Italie ou même en Sicile, c'est-à-dire entre le 37me et le 38me parallèle, et par conséquent à sept degrés de latitude plus au sud, pour trouver un climat comparable à celui de la partie la plus abritée de notre littoral.

Si, partant de Cette ou même de Narbonne, nous nous dirigeons vers l'Italie en suivant les bords de la mer, nous trouvons un climat à peu près uniforme jusqu'à Marseille ; mais, au delà de cette ville, le climat devient, d'une manière générale, de plus en plus doux, au fur et à mesure qu'on approche de la frontière italienne. Et pourtant il ne devrait pas en être ainsi ; car, de Toulon à Nice et à Gênes, on avance constamment du Midi vers le Nord ; par conséquent, si l'influence de la latitude agissait seule, le climat devrait se refroidir progressivement en allant de Toulon à Gênes, alors que justement le contraire se produit. Mais nous voyons que, dans toute cette partie du littoral de la Méditerranée, la côte se dentelle en petits golfes, séparés par des promontoires, formant autant d'enceintes demi-circulaires entourées de montagnes, dont les pentes disposées en amphithéâtre descendent par gradins jusque dans la mer. Sur les degrés inférieurs de cet amphithéâtre et sur le bord de l'eau, qui est généralement très-profonde, on a bâti cette multitude d'élégantes villas, toujours accompagnées de beaux jardins complantés de végétaux exotiques et souvent tropicaux, qui profitent du puissant abri que la nature leur a donné dans des situations si éminemment privilégiées. Presque toujours, la chaîne de montagnes qui s'élève autour de chacun de ces petits golfes se continue à une assez grande hauteur, jusqu'à l'extrémité des deux promontoires qui le forment, en s'avançant de chaque côté dans la mer : les bords sont ainsi abrités de presque tous les vents, excepté du côté de l'entrée du golfe. Et quand, grâce à une heureuse orientation, cette entrée se trouve placée dans la direction du sud ou du sud-est ; quand surtout les montagnes qui entourent le golfe s'élèvent à une très-grande hauteur et qu'elles se prolongent en promontoires très-avant dans la mer ; si, de plus, l'eau est très-profonde, ce qui a lieu surtout quand les bords se relèvent brusquement, on se trouve alors dans les meilleures conditions possibles pour constituer un jardin tropical et cultiver en plein air les végétaux des pays chauds, que ne comporterait aucunement la latitude du lieu. L'abri, on le comprend facilement, sera d'autant plus efficace que les montagnes entourant le golfe seront plus élevées, si toutefois l'orientation est bonne et si les autres conditions restent les mêmes. Lorsqu'on se rappellera les explications très-détaillées que nous avons déjà données à ce sujet, on pourra facilement se rendre compte de la raison d'être de ces faits, et nous ne pensons pas avoir besoin d'y revenir ici.

L'observation de ces faits est excessivement remarquable,

en ce qu'elle démontre, une fois de plus, l'influence considérable qu'exercent, sur le climat d'un point déterminé, les abris naturels produits par des montagnes élevées, ainsi que le voisinage immédiat d'eaux profondes. Quand ces deux influences, se trouvant réunies, agissent en commun dans les conditions que nous avons indiquées, elles produisent le résultat considérable déjà signalé, celui d'une oasis méridionale perdue au milieu d'éléments septentrionaux.

Si nous tracions le graphique d'une ligne brisée, qui indiquerait les alternatives climatériques hivernales de chacun des principaux points du littoral de la Méditerranée, depuis Carthagène au sud de l'Espagne, jusqu'à Reggio à l'extrémité méridionale de l'Italie, en passant par Nice et Gênes, on verrait que cette ligne descendrait d'abord presque directement, et par l'effet naturel de la différence de latitude, depuis Carthagène jusqu'à Narbonne; elle resterait ensuite à peu près à niveau de Narbonne à Marseille, et, à partir de là, s'élèverait rapidement d'une manière générale jusqu'à Nice, quoique avec quelques zigzags parfois assez prononcés; puis, demeurant horizontale jusqu'à San-Remo, elle redescendrait progressivement, quoique d'une manière inégale, en passant par Alassio et Finalo, pour se relever à Savona et à Pegli, et se redresser brusquement près de Gênes.

A partir de Gênes, cette ligne se maintiendrait à peu près à niveau jusqu'à la Spezia, pour descendre assez régulièrement à la Cornia, presque en face de l'île d'Elbe. Quoique sous le 43me degré de latitude et, par conséquent, dans une région relativement méridionale, la Cornia se trouve placée dans la partie qui est probablement la plus froide de tout le littoral italien de la Méditerranée, depuis Vintimille jusqu'à Naples et Reggio. La direction de cette ligne serait donc, depuis Gênes jusqu'ici, absolument contraire à l'influence de la latitude; elle se redresserait ensuite très-lentement, en se dirigeant vers Terracine et Fondi, et un peu plus rapidement jusqu'à Naples et au delà, mais alors dans les conditions qui doivent se produire naturellement. On voit donc que les fluctuations de cette ligne correspondent exactement aux abris naturels, et qu'elles se produisent en raison directe de leur efficacité plus ou moins grande ; ces abris très-puissants, sur le bord d'eaux profondes, neutralisent ainsi, en grande partie, l'influence que la latitude exercerait seule sur la température si les conditions climatériques restaient toujours les mêmes sur toute l'étendue de ce parcours déterminé.

Les localités du littoral faisant partie de la ligne que nous venons de décrire se trouvent toutes à quelques mètres à peine au-dessus du niveau de la mer. Elles peuvent donc être comparées, sans qu'il soit besoin de corriger les températures de chaque lieu en les réduisant à une altitude commune. Cette ligne affecte, comme nous l'avons vu, une forme très-capricieuse, rappelant par son ensemble les courbes qui indiquent les variations thermométriques ou les dépressions barométriques, dans les tableaux de météorologie annuelle. Les points les plus élevés de cette ligne sont ceux dont le climat, pour la végétation, serait le plus chaud ; entre eux et les points les plus bas, qui sont aussi les plus froids, viennent se placer tous les climats intermédiaires. On pourrait donc, soit classer tous les points du littoral sur une même verticale, selon la douceur relative du climat qui est propre à chacun d'eux ; soit encore tracer, comme nous l'avons fait, une ligne brisée, plaçant chaque localité à la hauteur voulue et en face de sa situation géographique.

Ces lignes ne correspondent pas tout à fait aux lignes isothères, isochimènes et isothermes, imaginées par Humboldt, pour réunir entre eux les points ayant la même moyenne de température, soit pendant l'été, soit pendant l'hiver, soit encore pendant toute l'année. Ces moyennes, même celles qui sont spéciales à chacune des deux saisons principales, ne suffisent pas pour caractériser les climats, quand il s'agit de la naturalisation des végétaux. Elles nous fournissent des données générales, qui sont d'un grand secours pour l'étude de la géographie botanique, prise dans l'ensemble de la dissémination des espèces sur toute la surface de la terre, mais elles ne nous donnent pas toutes les indications qui seraient susceptibles de nous intéresser. Quand il s'agit de la naturalisation d'une plante dans un lieu déterminé, on se préoccupe surtout des températures extrêmes, et principalement du minima absolu que cette plante devra subir. On se préoccupe ensuite de la chaleur qu'elle aura à supporter pendant l'été, puis de l'humidité relative de l'atmosphère dans laquelle elle devra vivre, et enfin des conditions spéciales, telles que la nature de terrain qui lui convient, l'exposition qu'elle préfère et la perméabilité du sol qui lui est nécessaire. Il faut tenir compte aussi des autres particularités de culture qui ont chacune leur importance, et qu'il convient de ne pas négliger.

Donc, si l'on voulait étudier comparativement les climats d'une série de localités, au point de vue spécial de la naturalisation des végétaux, on pourrait établir ainsi plusieurs systèmes de lignes reliant entre eux les points sur lesquels on aurait observé, pendant une même série de dix années au moins :

1° Le même minima absolu de l'hiver ;

2° Le même maxima absolu de l'été ;

3° Le même degré hygrométrique pendant la période active de la végétation.

Ce sont là, en effet, les éléments principaux, ceux qu'il est plus particulièrement nécessaire de connaître pour se rendre compte, *à priori*, des chances plus ou moins grandes de succès dans les essais de culture et de naturalisation de toutes les espèces de plantes.

Les localités qui se trouveraient à la fois sur les lignes dont les degrés seraient les plus élevés, dans chacun de ces trois systèmes, réuniraient les meilleures conditions climatologiques pour la naturalisation des végétaux étrangers, et particulièrement des espèces intertropicales.

On pourrait de la sorte constituer un système commun, dont chaque ligne relierait les localités dans lesquelles on pourrait cultiver un certain nombre de plantes déterminées. Chacune de ces lignes serait ainsi caractérisée par une liste spéciale de plantes, qui ne pourraient prospérer ou se conserver longtemps dans les localités situées sur les lignes d'un degré inférieur. On arriverait, de cette manière, à classer tous les points du littoral de la Méditerranée en cinq ou six catégories principales, selon la végétation particulière à toutes les localités comprises dans chacune de ces catégories.

Ce serait là une étude spéciale d'un détail de géographie botanique qui offrirait un très-grand intérêt ; mais, comme cette question ne peut être traitée d'une manière complète sans exiger de longs développements, nous la réservons pour une autre occasion.

Le lac Majeur se trouve placé absolument en dehors de toute ligne isotherme à laquelle il puisse être relié par une partie intermédiaire dont le climat lui soit comparable. Il forme un point isolé, qui trouverait sa place, sous le rapport de l'équivalence climatérique et végétale, dans plusieurs parties du littoral, comme par exemple entre Hyères et Fréjus, entre San-Remo et Pegli, soit encore entre Carrare et Pise.

Toutefois, cette équivalence est loin d'être absolue, car le lac Majeur offre plusieurs particularités climatologiques qu'on ne trouve reproduites, au moins dans les mêmes proportions, sur aucun point du littoral de la Méditerranée. Les bords les plus abrités du lac Majeur, ainsi que les îles Borromée, présentent en effet, nous l'avons déjà suffisamment expliqué, le caractère singulier d'offrir tous les avantages d'un climat insulaire ou hygrothermique, alors que leur ensemble se trouve placé dans une situation géographique essentiellement continentale. C'est là un de ces nombreux cas particuliers démontrant, une fois de plus, combien sont variables les influences des milieux, qui modifient si singulièrement les conditions climatériques spéciales à chaque localité, et dont le lac Majeur offre un exemple des plus remarquables.

MONTPELLIER, IMPRIMERIE CENTRALE DU MIDI. — HAMELIN FRÈRES.